Imagine Infinite!

창의영재수학

아이앤아이

영재들의
수학여행 · Math Travel

중급 초등 4~6학년 **D** 규칙 미국 동부편

창의영재수학

아이 앤 아이

영재들의 수학여행 Math Travel

01 수학 여행 테마로 수학 사고력 활동을 자연스럽게 이어갈 수 있도록 하였습니다.

02 키즈 – 입문 – 초급 – 중급 – 고급으로 이어지는 단계별 창의 영재 수학 학습 시리즈입니다.

03 각 챕터마다 기초 – 심화 – 응용의 문제 배치로 쉬운 것부터 차근차근 문제해결력을 향상시킵니다.

04 각종 수학 사고력, 창의력 문제, 지능검사 문제, 대회 기출 문제 등을 체계적으로 정밀하게 다듬어 정리하였습니다.

05 과학, 음악, 미술, 영화, 스포츠 등에 관련된 융합형(STEAM) 수학 문제를 흥미롭게 다루었습니다.

06 단계적으로 창의적 문제해결력을 향상시켜 영재교육원에 도전해 보세요.

창의영재가 되어볼까?

교재 구성

	A (수)	**B** (연산)	**C** (도형)	**D** (측정)	**E** (규칙)	**F** (문제해결력)	**G** (워크북)
키즈 (6세 7세 초1)	수와 숫자 수 비교하기 수 규칙 수 퍼즐	가르기와 모으기 덧셈과 뺄셈 식 만들기 연산 퍼즐	평면도형 입체도형 위치와 방향 도형 퍼즐	길이와 무게 비교 넓이와 들이 비교 시계와 시간 부분과 전체	패턴 이중 패턴 관계 규칙 여러 가지 규칙	모든 경우 구하기 분류하기 표와 그래프 추론하기	수 연산 도형 측정 규칙 문제해결력

	A (수와 연산)	**B** (도형)	**C** (측정)	**D** (규칙)	**E** (자료와 가능성)	**F** (문제해결력)	**G** (워크북)
입문 (초1~3)	수와 숫자 조건에 맞는 수 수의 크기 비교 합과 차 식 만들기 벌레 먹은 셈	평면도형 입체도형 모양 찾기 도형 나누기와 움직이기 쌓기나무	길이 비교 길이 재기 넓이와 들이 비교 무게 비교 시계와 달력	수 규칙 여러 가지 패턴 수 배열표 암호 새로운 연산 기호	경우의 수 리그와 토너먼트 분류하기 그림 그려 해결하기 표와 그래프	문제 만들기 주고 받기 어떤 수 구하기 재치있게 풀기 추론하기 미로와 퍼즐	수와 연산 도형 측정 규칙 자료와 가능성 문제해결력

	A (수와 연산)	**B** (도형)	**C** (측정)	**D** (규칙)	**E** (자료와 가능성)	**F** (문제해결력)
초급 (초3~5)	수 만들기 수와 숫자의 개수 연속하는 자연수 가장 크게, 가장 작게 도형이 나타내는 수 마방진	색종이 접어 자르기 도형 붙이기 도형의 개수 쌓기나무 주사위	길이와 무게 재기 시간과 들이 재기 덮기와 넓이 도형의 둘레 원	수 패턴 도형 패턴 수 배열표 새로운 연산 기호 규칙 찾아 해결하기	가짓수 구하기 리그와 토너먼트 금액 만들기 가장 빠른 길 찾기 표와 그래프(평균)	한붓 그리기 논리 추리 성냥개비 다른 방법으로 풀기 간격 문제 배수의 활용

	A (수와 연산)	**B** (도형)	**C** (측정)	**D** (규칙)	**E** (자료와 가능성)	**F** (문제해결력)
중급 (초4~6)	복면산 수와 숫자의 개수 연속하는 자연수 수와 식 만들기 크기가 같은 분수 여러 가지 마방진	도형 나누기 도형 붙이기 도형의 개수 기하판 정육면체	수직과 평행 다각형의 각도 접기와 각 붙여 만든 도형 단위 넓이의 활용	규칙성 찾기 도형과 연산의 규칙 규칙 찾아 개수 세기 교점과 영역 개수 수 배열의 규칙	경우의 수 비둘기집 원리 최단 거리 만들 수 있는, 없는 수 평균	논리 추리 님 게임 강 건너기 창의적으로 생각하기 효율적으로 생각하기 나머지 문제

	A (수와 연산)	**B** (도형)	**C** (측정)	**D** (규칙)	**E** (자료와 가능성)	**F** (문제해결력)
고급 (초6~중등)	연속하는 자연수 배수 판정법 여러 가지 진법 계산식에 써넣기 조건에 맞는 수 끝수와 숫자의 개수	입체도형의 성질 쌓기나무 도형 나누기 평면도형의 활용 입체도형의 부피, 겉넓이	시계와 각도 평면도형의 활용 도형의 넓이 거리, 속력, 시간 도형의 회전 그래프 이용하기	암호 해독하기 여러 가지 규칙 여러 가지 수열 연산 기호 규칙 도형에서의 규칙	경우의 수 비둘기집 원리 입체도형에서의 경로 영역 구분하기 확률	홀수와 짝수 조건 분석하기 다른 질량 찾기 뉴튼산 작업 능률

책의 구성과 활용

단원들어가기

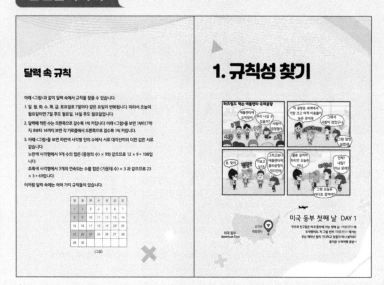

친구들의 수학여행(Math Travel)과 함께 단원이 시작됩니다. 여행지에서 수학문제를 발견하고 창의적으로 해결해 나갑니다.

아이앤아이 수학여행 친구들

전 세계 곳곳의 수학 관련 문제들을 풀며 함께 세계여행을 떠날 친구들을 소개할게요!

무우

팀의 맏리더. 행동파 리더.

에너지 넘치는 자신감과 무한 긍정으로 팀원에게 격려와 응원을 아끼지 않는 팀의 맏형, 솔선수범하는 믿음직한 해결사예요.

상상

팀의 챙김이 언니, 아이디어 뱅크.

감수성이 풍부하고 공감력이 뛰어나 동생들의 고민을 경청하고 챙겨주는 맏언니예요.

알알

진지하고 생각많은 똘똘이 알알이.

겁 많고 부끄럼 많고 소심하지만 관찰력이 뛰어나고 생각 깊은 아이에요. 야무진 성격을 보여주는 알밤머리와 주근깨 가득한 통통한 볼이 특징이에요.

제이

궁금한게 많은 막내 엉뚱이 제이.

엉뚱한 질문이나 행동으로 상대방에게 웃음을 주어요. 주위의 것을 놓치고 싶지 않은 장난기가 가득한 애교덩어리입니다.

단원살펴보기

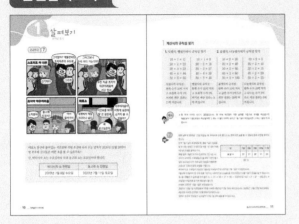

단원의 주제되는 내용을 정리하고 '궁금해요' 문제를 풀어봅니다.

대표문제

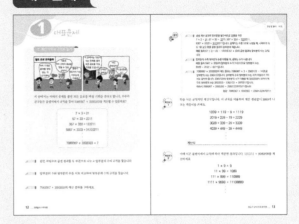

대표되는 문제를 단계적으로 해결하고 '확인하기' 문제를 풀어봅니다.

연습문제

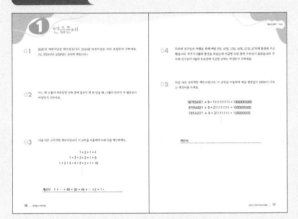

단원살펴보기 및 대표문제에서 익힌 내용을 알차게 구성된 사고력 문제를 통해 점검하며 주제에 대한 탄탄한 기본기를 다집니다.

심화문제

단원에 관련된 문제의 이해와 응용력을 바탕으로 창의적 문제 해결력을 기릅니다.

창의적문제해결수학

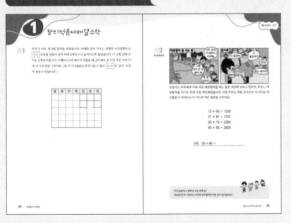

창의력 응용문제, 융합문제를 풀며 해당 단원 문제에 자신감을 가집니다.

정답 및 풀이

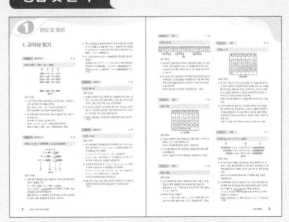

상세한 풀이과정과 함께 수학적 사고력을 완성합니다.

차례
CONTENTS 중급 D 규칙
초등4~6학년

달력 속 규칙

아래 <그림>과 같이 달력 속의 규칙을 찾을 수 있습니다.

1. 일, 월, 화, 수, 목, 금, 토요일로 7일마다 같은 요일이 반복됩니다. 따라서 오늘이 월요일이면 7일 후도 월요일, 14일 후도 월요일입니다.

2. 달력에 적힌 수는 오른쪽으로 갈수록 1씩 커집니다. 아래 <그림>을 보면 1부터 7까지, 8부터 14까지 각 가로줄에서 오른쪽으로 갈수록 1씩 커집니다.

3. 아래 <그림>의 파란색 사각형 안의 수에서 서로 대각선끼리 더한 값은 서로 같습니다. 노란색 사각형에서 9개 수의 합은 (중앙의 수) × 9와 같으므로 12 × 9 = 108입니다. 초록색 사각형에서 3개의 연속되는 수를 합은 (가운데 수) × 3과 같으므로 23 × 3 = 69입니다.

이처럼 달력 속에는 여러 가지 규칙들이 있습니다.

일	월	화	수	목	금	토
1	2	3	4	5	6	7
8	9	10	11	12	13	14
15	16	17	18	19	20	21
22	23	24	25	26	27	28
29	30					

<그림>

1. 규칙성 찾기

조지아
애틀랜타

미국 동부
American East

미국 동부 첫째 날 DAY 1

무우와 친구들은 미국 동부에 가는 첫째 날, <애틀랜타>에
도착했어요. 자, 그럼 먼저 <애틀랜타> 에서는
무슨 재미난 일이 기다리고 있을지 떠나 볼까요?
즐거운 수학여행 출발~!

궁금해요 ?

매표소 창구에 붙어있는 시간표에 적힌 조건에 따라 오늘 날짜가 2020년 12월 26일이면 무우와 친구들은 어떤 쇼를 볼 수 있을까요? 단, 바다사자 쇼는 수요일마다 하고, 돌고래 쇼는 토요일마다 합니다.

바다사자 쇼 진행일	돌고래 쇼 진행일
2020년 7월 8일 수요일	2020년 7월 11일 토요일

1 계산식의 규칙성 찾기

1. 덧셈식, 뺄셈식에서 규칙성 찾기

10 + 1 = 11	10 - 1 = 9
20 + 2 = 22	20 - 2 = 18
30 + 3 = 33	30 - 3 = 27
40 + 4 = 44	40 - 4 = 36
50 + 5 = 55	50 - 5 = 45

〈덧셈식의 규칙성〉
: 왼쪽 수가 10씩 커지고 오른쪽 수가 1씩 커지면 계산 결과는 11씩 커집니다.

〈뺄셈식의 규칙성〉
: 왼쪽 수가 10씩 커지고 오른쪽 수가 1씩 커지면 계산 결과는 9씩 커집니다.

2. 곱셈식, 나눗셈식에서 규칙성 찾기

10 × 2 = 20	10 ÷ 2 = 5
20 × 2 = 40	20 ÷ 2 = 10
30 × 2 = 60	30 ÷ 2 = 15
40 × 2 = 80	40 ÷ 2 = 20
50 × 2 = 100	50 ÷ 2 = 25

〈곱셈식의 규칙성〉
: 왼쪽 수가 10씩 커지고 곱한 수가 2이므로 계산 결과는 20씩 커집니다.

〈나눗셈식의 규칙성〉
: 왼쪽 수가 10씩 커지고 나누는 수가 2이므로 계산 결과는 5씩 커집니다.

예시 한 주의 시작은 반드시 월요일입니다. 한 주에 목요일이 속한 날짜를 기준으로 주차를 계산합니다.
예를 들어 11월 30일이 목요일이면 그 주는 11월의 마지막 주이고 1월 1일이 목요일이면 그 주는 1월의 첫 주입니다.

정답 현재 날짜가 2020년 12월 26일일 때, 바다사자 쇼와 돌고래 쇼 중에 어떤 쇼를 볼 수 있을지 현재 요일을 찾아야 합니다.

만약 1월 1일이 수요일일 때, 매달 1일의 요일을 알 수 있는 방법은 각 달의 일 수를 7로 나눈 나머지만큼 요일을 옮겨갑니다.
예를 들어 1월은 31까지 있으므로 7로 나눈 나머지가 3이므로 수요일에서 3일 후로 가면 2월 1일은 토요일입니다. 이와 같은 방법을 이용하여 2020년 12월 26일의 요일을 구합니다.

달	7월	8월	9월	10월	11월
총 일 수	31	31	30	31	30

〈표 1〉

바다사자 쇼 진행일이 2020년 7월 8일 수요일이므로 2020년 7월 1일은 수요일입니다.
7월부터 11월까지 일 수의 합을 7로 나눈 나머지만큼 요일을 옮기면 2020년 12월 1일의 요일을 알 수 있습니다. 위 〈표 1〉에서 각 달의 일 수의 합은 31 + 31 + 30 + 31 + 30 = 153이므로 153 ÷ 7 = 21 … 6입니다. 수요일에서 6일만큼 옮기면 화요일이 됩니다.
따라서 2020년 12월 1일은 화요일입니다.
2020년 12월 1일 화요일에서 3주를 더하면 2020년 12월 22일 화요일입니다. 2020년 12월 22일 화요일에서 4일만큼 더하면 2020년 12월 26일 토요일입니다.
따라서 무우와 친구들은 토요일마다 하는 돌고래 쇼를 볼 수 있습니다.

1 대표문제

이 관에서는 아래의 문제를 풀면 모든 음료를 마실 기회를 준다고 합니다. 무우와 친구들은 곱셈식에서 규칙을 찾아 7089367 × 3333333을 계산할 수 있을까요?

$$7 × 3 = 21$$
$$67 × 33 = 2211$$
$$367 × 333 = 122211$$
$$9367 × 3333 = 31220211$$
$$\vdots$$
$$7089367 × 3333333 = \ ?$$

_{Step 1} 같은 자릿수로 곱셈 결과를 두 부분으로 나누고 앞부분의 수의 규칙을 찾습니다.

_{Step 2} 앞부분의 수와 뒷부분의 수를 서로 비교하여 뒷부분의 수의 규칙을 찾습니다.

_{Step 3} 7089367 × 3333333의 계산 결과를 구하세요.

Step 1 곱셈 계산 결과의 앞부분을 빨간색으로 밑줄을 치면

7 × 3 = <u>2</u>1, 67 × 33 = <u>22</u>11, 367 × 333 = <u>122</u>211,

9367 × 3333 = <u>3122</u>0211입니다. 곱해지는 수를 3으로 나눴을 때, 나머지가 모두 1로 같고 몫을 곱셈 결과의 앞부분에 적습니다.

예를 들어 67 ÷ 3 = 22 … 1이므로 67 × 33의 곱셈 결과의 앞부분의 수는 22입니다.

Step 2 앞부분의 수와 뒷부분의 수를 더했을 때, 곱하는 수가 나옵니다.

예를 들어 9367 × 3333의 앞부분의 수가 3122이므로 뒷부분의 수는

3333 − 3122 = 0211입니다.

Step 3 7089367 × 3333333의 계산 결과는 7089367 ÷ 3 = 2363122 … 1이므로 앞부분의 수는 2363122입니다. 앞부분의 수와 뒷부분의 수는 각각 자릿수가 7자리로 같아야 합니다. 2363122와 뒷부분의 수가 더했을 때 3333333이 되어야 하므로 뒷부분의 수는 3333333 − 2363122 = 0970211입니다.

따라서 7089367 × 3333333 = 23631220970211입니다

정답 : 7089367 × 3333333 = 23631220970211

확인하기 1

다음 식은 규칙적인 계산식입니다. 이 규칙을 이용하여 계산 결괏값이 9999가 나오는 계산식을 쓰세요.

$$1009 + 119 - 9 \ = 1119$$
$$2019 + 229 - 19 = 2229$$
$$3029 + 339 - 29 = 3339$$
$$4039 + 449 - 39 = 4449$$
$$\vdots$$

계산식 : _____

확인하기 2

아래 식은 곱셈식에서 규칙에 따라 계산한 결과입니다. 1111111 × 9999999를 계산하세요.

$$1 \times 9 = 9$$
$$11 \times 99 = 1089$$
$$111 \times 999 = 110889$$
$$1111 \times 9999 = 11108889$$
$$\vdots$$

2. 달력 속 규칙성 찾기

오른쪽 〈그림〉과 같이 이 달력에는 날짜가 적혀 있지 않고 요일만 적혀있었습니다. 직원은 "이 달력은 어느 해 6월이고 수요일에 적힌 두 날짜를 더했더니 31이 되었어요"라고 말했습니다. 6월에 첫날과 마지막 날의 요일을 각각 구하세요.

월	화	수	목	금	토	일

〈그림〉

Step 1 두 날짜를 더해서 31이 되는 경우를 모두 구하세요.

Step 2 아래 달력의 요일에 맞는 날짜를 적으세요.

월	화	수	목	금	토	일

Step 3 6월의 첫날과 마지막 날의 요일을 각각 구하세요.

문제 해결 TIP

같은 요일의 두 날짜는 7의 배수만큼 차이가 납니다.

Step 1 수요일에 해당하는 날짜를 A라고 두면 나머지 날짜는 각각 7의 배수만큼 차이가 나므로 A + 7, A + 14, A + 21, A + 28입니다.
두 날짜를 합한 값이 31이므로 아래와 같이 4가지의 경우로 나눌 수 있습니다.

1. A + A + 7 = 31일 때, 2 × A = 24이므로 A = 12입니다.
   두 날짜는 12일과 19일입니다.
2. A + A + 14 = 31일 때, 2 × A = 17이므로 A = 8.5입니다.
   날짜가 될 수 없습니다.
3. A + A + 21 = 31일 때, 2 × A = 10이므로 A = 5입니다.
   두 날짜는 5일과 26일입니다.
4. A + A + 28 = 31일 때, 2 × A = 30이므로 A = 1.5입니다.
   날짜가 될 수 없습니다.

따라서 두 날짜를 더했을 때 31이 되는 경우는 모두 (12, 19), (5, 26)입니다.

Step 2 **Step 1** 찾은 수요일에 날짜가 (12, 19), (5, 26)에 해당하고 6월은 30일까지 있으므로 오른쪽과 같이 달력에 날짜를 적습니다.

Step 3 **Step 2** 에서 날짜를 채운 달력을 보면 6월의 첫날과 마지막 날 요일은 각각 토요일과 일요일입니다

월	화	수	목	금	토	일
					1	2
3	4	5	6	7	8	9
10	11	12	13	14	15	16
17	18	19	20	21	22	23
24	25	26	27	28	29	30

정답 : 6월의 (첫날의 요일, 마지막 날 요일) = (토요일, 일요일)

어느 해 12월의 수요일과 금요일이 각각 5번씩 있을 때, 12월 20일은 무슨 요일인지 구하세요.

어느 해 8월의 금요일의 날짜를 모두 더했을 때, 85가 되었습니다. 8월 15일은 무슨 요일인지 구하세요.

01 2020년 어린이날은 화요일입니다. 2030년 어린이날은 무슨 요일인지 구하세요.
(단, 2024년과 2028년은 윤년인 해입니다.)

02 어느 해 11월의 목요일인 날짜 중에 홀수가 세 번 있을 때, 11월의 마지막 주 월요일이 며칠인지 구하세요.

03 다음 식은 규칙적인 계산식입니다. 이 규칙을 이용하여 아래 식을 계산하세요.

$$1 + 2 + 1 = 4$$
$$1 + 2 + 3 + 2 + 1 = 9$$
$$1 + 2 + 3 + 4 + 3 + 2 + 1 = 16$$
$$\vdots$$

계산식 : $1 + 2 + \cdots + 49 + 50 + 49 + \cdots + 2 + 1 =$ _____

04 무우와 친구들은 여행을 위해 매달 2일, 10일, 15일, 19일, 21일, 27일에 통장에 저금했습니다. 무우가 9월의 통장을 보았는데 저금한 요일 중에 수요일이 없었습니다. 무우와 친구들이 9월의 토요일에 저금한 날짜는 며칠인지 구하세요.

05 다음 식은 규칙적인 계산식입니다. 이 규칙을 이용하여 계산 결괏값이 10000이 나오는 계산식을 쓰세요.

$$987654321 \times 9 + 1111111111 = 10000000000$$
$$87654321 \times 9 + 211111111 = 1000000000$$
$$7654321 \times 9 + 31111111 = 100000000$$
$$\vdots$$

계산식: _____

06 4월의 어떤 주에 월요일과 수요일의 날짜를 더했더니 그 주에 일요일의 날짜가 되었습니다. 4월의 둘째 주 화요일과 넷째 주 토요일의 날짜를 더하면 며칠인지 구하세요.

07 윤년인 어느 해 2월 달력 위에 다음과 같이 파란색 사각형과 빨간색 사각형을 안에 각각 날짜가 모두 들어가도록 놓았습니다. 파란색 사각형 안의 3개의 날짜의 합과 빨간색 사각형의 9개의 날짜의 합이 같을 때, 12개의 날짜 중에서 가장 큰 날짜를 구하세요. (단, 파란색 사각형과 빨간색 사각형은 겹치지 않습니다.)

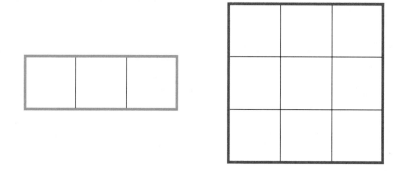

08 어느 해가 윤년일 때, 매월 1일이 월요일인 달은 최대 몇 개월인지 구하세요.

09 다음은 곱셈식에서 규칙에 따라 계산한 결과입니다. 이 규칙을 찾아서 적고 99×37
을 계산하세요.

$$11 \times 37 = 407$$
$$22 \times 37 = 814$$
$$33 \times 37 = 1221$$
$$44 \times 37 = 1628$$
$$\vdots$$

10 다음은 곱셈식에서 규칙에 따라 계산한 결과입니다. 이 규칙을 찾아서 적고 99×99
를 계산하세요.

$$9 \times 9 = 81$$
$$19 \times 19 = 361$$
$$29 \times 29 = 841$$
$$39 \times 39 = 1521$$
$$\vdots$$

01 다음은 규칙적인 덧셈식입니다. 이 규칙을 이용하여 아래 〈식〉을 계산하세요.

$$2 + 4 = 6$$
$$2 + 4 + 6 = 12$$
$$2 + 4 + 6 + 8 = 20$$
$$2 + 4 + 6 + 8 + 10 = 30$$

$$\vdots$$

계산식 : $60 + 62 + 64 + \cdots + 98 + 100 =$ _____

02 다음은 어느 해 1월의 달력입니다. 그 해에 1월과 날짜와 요일이 같은 달을 구하세요.
(단, 이 해는 윤년이 아닙니다.)

			1월			
월	**화**	**수**	**목**	**금**	**토**	**일**
	1	2	3	4	5	6
7	8	9	10	11	12	13
14	15	16	17	18	19	20
21	22	23	24	25	26	27
28	29	30	31			

03 윤년인 2020년과 날짜와 요일이 같은 가장 가까운 미래의 해는 몇 년인지 구하세요.
(단, 4의 배수인 해는 윤년입니다.)

월	화	수	목	금	토	일
					1	2
3	4	5	6	7	8	9
10	11	12	13	14	15	16
17	18	19	20	21	22	23
24	25	26	27	28	29	

2020년 2월

04 다음은 분수의 덧셈식에서 규칙에 따라 계산한 결과입니다. 계산 결괏값이 $\dfrac{337}{345}$ 이 나오는 계산식을 쓰세요.

$$\frac{1}{3} + \frac{4}{5} = \frac{17}{15}$$

$$\frac{1}{5} + \frac{5}{6} = \frac{31}{30}$$

$$\frac{1}{7} + \frac{6}{7} = 1$$

$$\frac{1}{9} + \frac{7}{8} = \frac{71}{72}$$

$$\vdots$$

계산식 : _____

01 무우가 어느 해 8월 달력을 보았습니다. 아래와 같이 무우는 투명한 아크릴판으로 ⊔ 모양을 만들어 달력 위에 5개의 수가 들어가도록 놓았습니다. 이 도형 안에 보이는 5개의 수를 모두 더했더니 3의 배수가 되었을 때, 3의 배수 중 가장 작은 수와 가장 큰 수의 합을 구하세요. (단, 이 아크릴판은 회전시킬 수 없고 ⊔ 와 같이 뒤집어 놓을 수 있습니다.)

월	화	수	목	금	토	일

02
창의융합문제

상상이가 무우에게 아래 식을 대관람차를 타는 동안 계산해 보라고 말하자, 무우는 대관람차를 타기도 전에 식을 계산해냈습니다. 과연 무우는 어떤 규칙으로 이 〈식〉을 계산했을지 적어보고 이 〈식〉의 계산 결과를 구하세요.

$$13 \times 93 = 1209$$
$$21 \times 81 = 1701$$
$$32 \times 72 = 2304$$
$$45 \times 65 = 2925$$

〈식〉 $26 \times 86 = $ _____

미국 동부에서 첫째 날 모든 문제 끝!
워싱턴 DC로 이동하는 무우와 친구들에게 어떤 일이 일어날까요?

규칙적인 도형 문제?

규칙적인 도형의 문제들은 우리가 일반적인 IQ 테스트를 할 때 많이 나옵니다.
<문제 1>과 같이 8가지의 도형이 제시되고, 도형들의 패턴으로부터 마지막 9번째
빈칸에 들어가는 도형을 찾으면 됩니다. 과연 이 도형들에는 어떤 규칙이 있을까요?
<문제 2>와 같이 3가지의 도형이 제시되고, 이 도형들 사이의 규칙적인 관계를 생
각하여 마지막 4번째 빈칸에 들어가는 도형을 A, B, C 중에서 찾으면 됩니다. 과연
마지막 빈칸에 들어가는 도형은 무엇일까요?

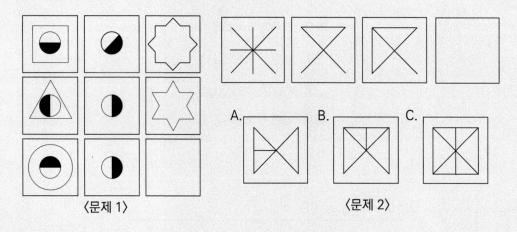

〈문제 1〉   〈문제 2〉

이번 단원에서는 이러한 문제들과 비슷한 도형의 규칙과 도형 속 연산이 포함된 규
칙을 배웁니다.

2. 도형과 연산의 규칙

워싱턴 D.C. ▼

에틀랜타 ♥

미국 동부
American East

미국 동부 둘째 날 DAY 2

무우와 친구들은 미국 동부에 가는 둘째 날, <워싱턴 D.C.>에
도착했어요. 자, 그럼 먼저 <워싱턴 D.C.>에서는
무슨 재미난 일이 기다리고 있을지 떠나 볼까요?
즐거운 수학여행 출발~!

궁금해요 **?**

무우는 규칙에 맞도록 빈칸에 조각을 그려 넣을 수 있을까요?

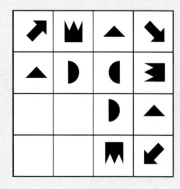

1 도형 속 연산 규칙

도형 속에서 연산 과정이 포함된 수의 규칙을 찾으려면, 각 칸의 수의 합, 곱하기, 나누기, 일의 자리 숫자의 합, 각 자리의 숫자의 합 등의 여러 가지 계산 조작을 해 봐야 합니다.

예시문제 아래의 ⓐ, ⓑ, ⓒ의 도형 속 수는 같은 규칙적인 연산 과정이 포함되어 있습니다. 같은 규칙으로 연산했을 때, A, B, C의 연산 규칙은 무엇일까요?

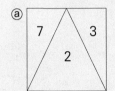 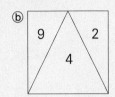 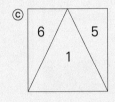

$7 \div 3 = 2 \cdots 1$, $9 \div 2 = 4 \cdots 1$, $6 \div 5 = 1 \cdots 1$이므로 삼각형 안에 적힌 수는 삼각형 밖의 두 수를 나눴을 때 나오는 몫을 적습니다.

따라서 A $\div$ B를 하면 몫이 C가 나오는 연산 규칙입니다.

위 〈그림〉의 4개의 모양 ↗, ♕, ◗, ▲가 어떤 규칙으로 조각을 붙였는지 찾습니다. 먼저 아래의 그림과 같이 4개의 모양을 각각 그려 봅니다. 4개의 모양 전체가 시계방향으로 움직입니다. 모양 ↗는 시계 방향으로 90°

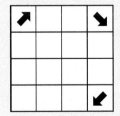 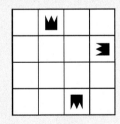 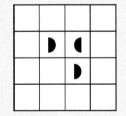 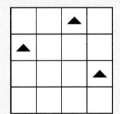

씩 회전된 모양이 그려져 있습니다. 모양 ♕은 반시계 방향으로 90° 씩 회전된 모양이 그려져 있습니다. 모양 ◗는 180°씩 회전된 모양이 그려져 있습니다. 모양 ▲는 회전되지 않은 모습이 그려져 있습니다.

4개 모양 전체 규칙과 각 모양들의 규칙을 이용하여 빈칸의 들어갈 조각을 채우면 〈그림 2〉와 같습니다.

따라서 무우가 완성한 작품의 처음 모습은 〈그림 3〉과 같습니다.

〈그림 2〉

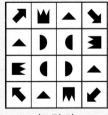

〈그림 3〉

2 대표문제

무우와 친구들은 열람실 책상에 앉아 책을 읽었습니다. 책의 한 페이지에 그림과 같은 정사각형 8개의 규칙적인 도형이 그려져 있고 마지막 1개의 정사각형은 빈칸이었습니다. 빈칸에 들어갈 도형을 그리세요.

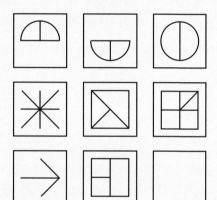

Step 1 첫 번째 가로줄의 규칙이 무엇일지 생각하세요.

Step 2 Step 1 에서 생각한 규칙이 두 번째 가로줄에도 성립하는지 알아보세요.

Step 3 첫 번째 가로줄과 두 번째 가로줄의 규칙에 따라 마지막에 들어갈 도형을 아래의 빈칸에 그리세요.

문제 해결 TIP

가로줄의 규칙만 찾는 문제도 있고 가로줄, 세로줄, 대각선 등을 모두 고려하여 규칙을 찾는 문제도 있습니다.

Step 1 ▌ 첫 번째 가로줄에서 첫 번째 반원과 두 번째 반원이 합쳐 세 번째 원 모양이 나왔다고 생각할 수 있습니다. 첫 번째 반원과 두 번째 반원을 합치면 세 번째 원 안에 십자가 모양의 대각선이 생겨야 하지만 원 안에는 대각선 한 개밖에 없습니다. 따라서 첫 번째 가로줄의 규칙은 첫 번째 도형과 두 번째 도형을 합쳤을 때 두 도형이 서로 겹치는 선분을 제외하고 세 번째 도형에 그립니다.

Step 2 ▌ Step 1 에서 규칙을 따라 두 번째 가로줄에서 아래의 그림과 같이 첫 번째 도형과 두 번 도형을 합쳤을 때, 서로 겹치는 부분을 빨간색 선분으로 그었습니다. 따라서 빨간색 선분을 제외하고 첫 번째 도형과 두 번째 도형을 합친 모양이 세 번째 도형에 나타납니다

Step 3 ▌ 세 번째 가로줄에서 첫 번째 도형과 두 번째 도형을 합쳤을 때, 서로 겹치는 부분을 빨간색 선분으로 긋습니다. 빨간색 선분을 제외하고 첫 번째 도형과 두 번째 도형을 합친 모양을 아래의 그림과 같이 그립니다

정답 :

 확인하기 1

다음과 같이 9개의 원이 있습니다. 규칙에 따라 8개의 원이 색칠되어 있을 때, 마지막 원을 색칠하세요.

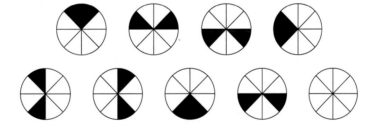

 확인하기 2

다음과 같이 표 안의 수들이 화살표 방향으로 어떤 규칙에 따라 변화했습니다. 어떤 규칙일지 찾아 써보고 빈칸에 알맞은 수를 채워 넣으세요.

2	4	3	1
6	8	5	7
1	3	4	2
5	7	6	8

5	7	6	8
3	1	2	4

2. 연산이 포함된 규칙

워싱턴 기념탑의 입장료는 무료이지만 입장객 수가 제한이 있습니다. 아래의 〈문제〉를 푸는 사람들은 특별히 입장할 수 있습니다. 다음의 규칙을 찾아 ?에 들어갈 수를 구하세요.

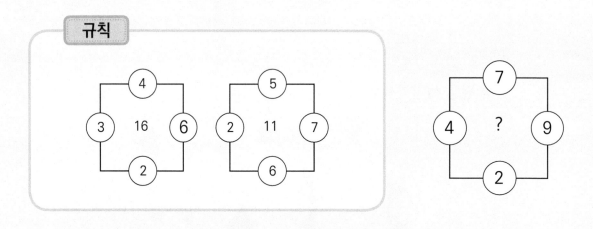

Step 1 네 개의 원 안에 적힌 수의 연산을 통해 사각형 안의 수의 규칙을 찾아 적으세요.

Step 2 Step 1 에서 찾은 규칙에 따라 물음표에 들어갈 수를 구하세요.

풀이

Step 1   4와 2, 6과 3을 사칙 연산했을 때, 4 - 2 = 2와 6 × 3 = 18을 통해서 사각형 안의 가운데 수를 찾을 수 있습니다. 하지만 〈보기〉의 두 번째 도형에서 5와 6, 7과 2를 사칙 연산했을 때 규칙이 만족하지 않습니다.

이처럼 여러 가지 방법의 사칙연산이 있습니다. 그 중에 3과 4, 6과 2를 각각 사칙 연산했을 때, 계산 결과는 3 × 4 = 12, 4 - 3 = 1, 4 + 3 = 7, 4 ÷ 3 = 1 ··· 1과 6 × 2 = 12, 6 - 2 = 4, 6 + 2 = 8, 6 ÷ 2 = 3 등입니다.

이 중 3 × 4 = 12와 6 - 2 = 4를 더하면 사각형 안의 수 16이 됩니다.

이 규칙이 5와 2, 7과 6에서 만족하는지 계산해 봅니다. 5 × 2 = 10과 7 - 6 = 1을 합하면 사각형 안의 수 11이 됩니다.

따라서 왼쪽 원의 수와 위쪽 원의 수를 곱하고 오른쪽 원의 수와 아래쪽 원의 수를 뺀 값을 서로 더하면 사각형 안의 수가 나옵니다.

Step 2   Step 1 에서 찾은 규칙에 따라 왼쪽 원과 위 원의 수를 서로 곱하면 7 × 4 = 28이고 오른쪽 원과 아래 원의 수를 서로 빼면 9 - 2 = 7입니다.

따라서 사각형 안의 물음표에 들어갈 수는 28 + 7 = 35 입니다.

정답 : 35

확인하기 1

다음과 같이 규칙을 찾아 물음표에 들어갈 알맞은 수를 구하세요.

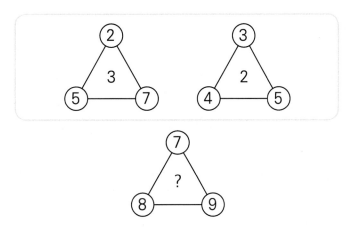

확인하기 2

다음과 같이 규칙을 찾아 물음표에 들어갈 알맞은 수를 구하세요.

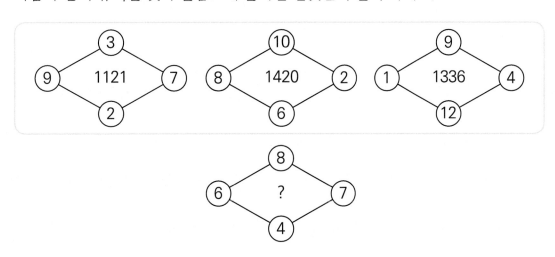

2 연습문제

01 다음과 같이 9개의 사각형 안에 일정한 규칙을 따라 선분이 그어져 있을 때, 마지막 사각형에 들어갈 선분을 그으세요.

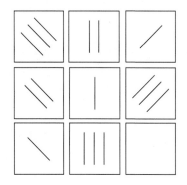

02 다음과 같이 두 수를 누르면 컴퓨터에서 어떤 규칙에 따라 한 개의 수가 나옵니다. 이 규칙에 따라 두 수 32와 12를 누르면 어떤 수가 나올지 구하세요.

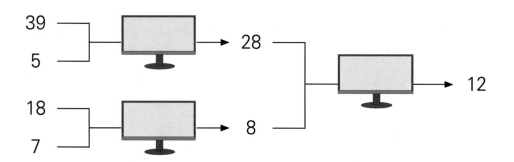

03 다음과 같이 3 × 3 정사각형 표 안의 규칙적인 수들이 적혀있습니다. 규칙을 찾아 물음 표에 들어갈 알맞은 수를 구하세요.

9	7	3
3	6	8
7	2	?

04 아래 〈보기〉와 같이 규칙을 찾아 물음표에 들어갈 알맞은 수를 구하세요.

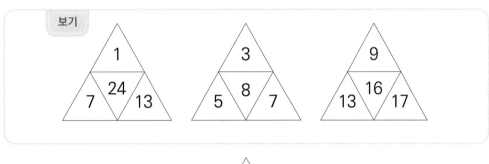

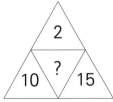

05 다음과 같이 5개의 사각형 안에 규칙에 따라 도형이 그려져 있을 때, 마지막 사각형에 들어갈 도형을 그리세요.

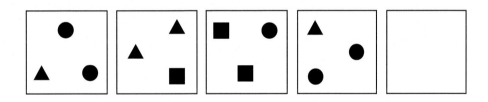

06 다음과 같이 9개의 사각형 안에 일정한 규칙을 따라 도형이 그려져 있을 때, 마지막 사각형 안에 들어가는 도형의 이름을 쓰세요.

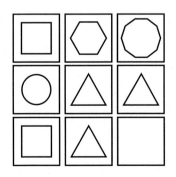

07 다음과 같이 규칙을 찾아 A, B, C에 들어갈 수를 각각 구하세요.

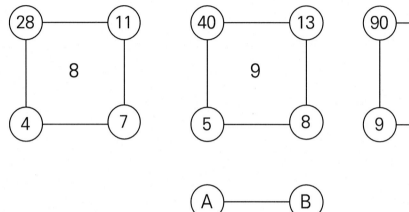

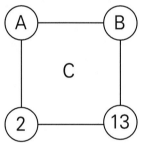

08 다음과 같이 표 안의 수들이 화살표 방향으로 어떤 규칙에 따라 변화했습니다. 같은 규칙에 따라 빈칸에 알맞은 수를 채워 넣으세요.

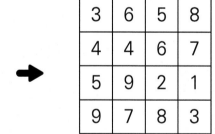

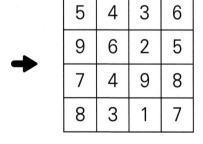 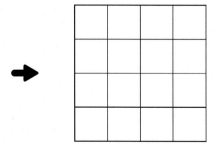

09 다음과 같이 규칙을 찾아 물음표에 들어갈 알맞은 수를 구하세요.

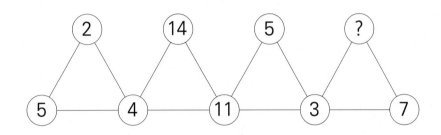

10 다음과 같이 나열된 4개의 정사각형 안에 적힌 수들은 모두 같은 규칙을 가지고 있습니다. 이 규칙에 따라 A, B, C에 들어갈 수를 각각 구하세요.

8	10
3	6

20	12
4	8

33	17
5	10

A	19
B	C

2 심화문제

01

다음과 같이 9개의 사각형 안에 일정한 간격으로 점이 9개가 찍혀있을 때, 규칙에 따라 빨간색 선분과 파란색 선분을 그었습니다. 마지막 줄의 2개 사각형 A, B 안에 규칙에 맞도록 점을 연결하여 빨간색 선분과 파란색 선분을 각각 그으세요.

TIP!

두 번째 가로줄의 점들을 기준으로 회전 방향을 생각하자!

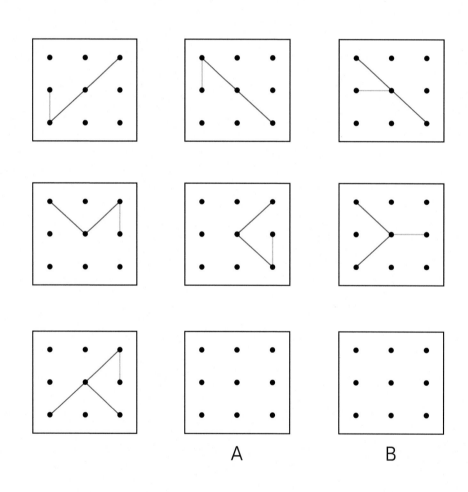

A   B

02 다음과 같이 화살표의 색깔에 따라 서로 다른 규칙으로 원 안에 부분을 색칠했습니다. 노란색 화살표와 초록색 화살표 방향으로 갈 때, 각각 어떤 규칙일지 찾아 써보고 빈 칸 원 안에 규칙에 맞게 색칠하세요.

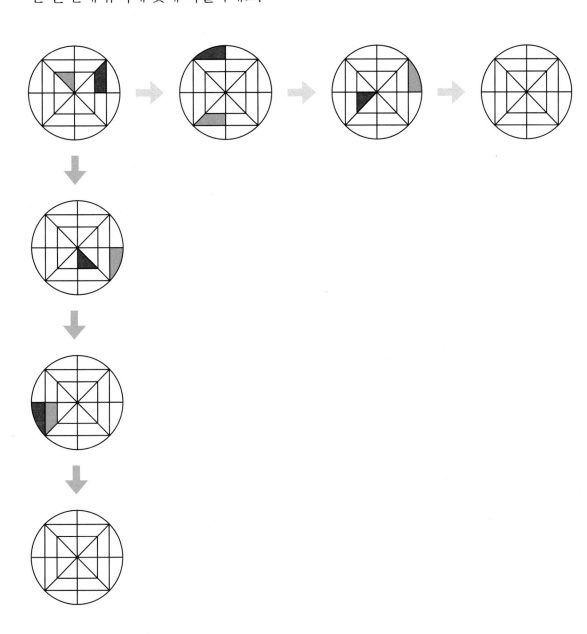

노란색 화살표 ➡ 의 규칙: _____

초록색 화살표 ➡ 의 규칙: _____

03 다음과 같이 4개의 원 안의 어떤 규칙에 따라 각 수들이 적혀있습니다. 아래 〈그림〉과 같이 적힌 각 수를 a, b, c, d라고 할 때, 이 규칙을 문자식으로 나타내보고 A에 들어갈 알맞은 수를 구하세요.

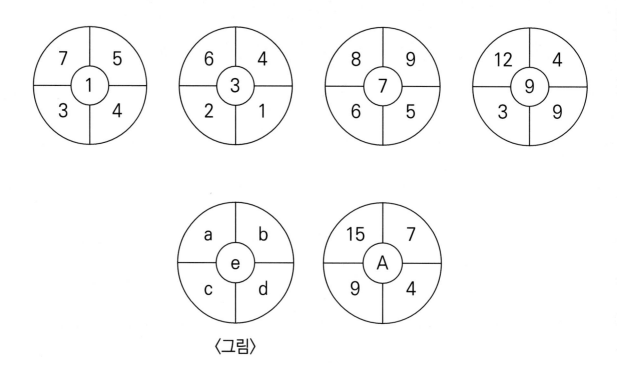

〈그림〉

04 A, B, C, D, …, X, Y, Z는 각각 1부터 26까지의 수를 나타냅니다. 다음과 같이 도형 안에 알파벳이 적혀있을 때, 규칙을 찾아 ㉠과 ㉡에 들어갈 알맞은 알파벳을 각각 구하세요.

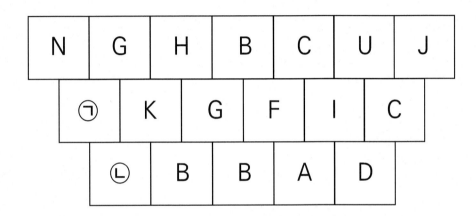

01 아래 <보기>와 같이 15개의 사각형 안에 어떤 규칙에 따라 각 사각형의 빈칸을 색칠했습니다. 사각형 A를 9개의 빈칸으로 나누고, 각 칸을 규칙에 맞게 색칠하세요.

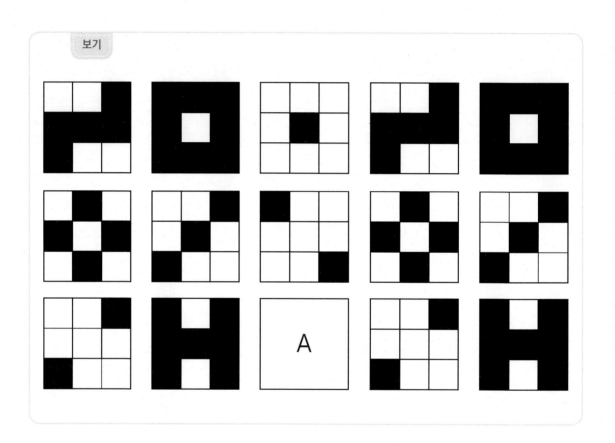

02
창의융합문제

이 공원에는 아래 〈그림 1〉과 같이 9개의 도형 모양의 조각들이 바닥에 놓여있습니다. 이를 본 상상이와 제이는 각각 자신의 규칙으로 도형 조각을 재배치하였습니다. 이를 본 무우는 〈그림 4〉에서 먼저 제이가 배치한 규칙대로 재배치한 후 뒤이어 상상이가 배치한 규칙대로 재배치한다면 어떤 배치 모양이 나올지 궁금했습니다. 마지막에 배치된 모양을 빈칸에 그리세요.

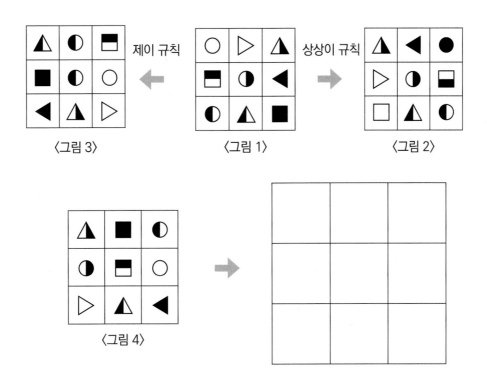

쌓기나무 규칙 ?

아래와 같이 쌓기나무를 1개부터 차례대로 쌓았을 때, 100번째 쌓기나무의 개수는
몇 개일까요?

먼저 첫 번째 쌓기나무 개수는 1개, 두 번째 쌓기나무 개수는 1 + 2 = 3개, 세 번째
쌓기나무 개수는 1 + 2 + 3 = 6개, 네 번째 쌓기나무 개수는 1 + 2 + 3 + 4 = 10개입
니다.

따라서 규칙적으로 한 층씩 늘어나는 계단 모양이므로 100번째 쌓기나무 개수는
1 + 2 + 3 + ⋯ + 99 + 100 = 5,050개입니다.

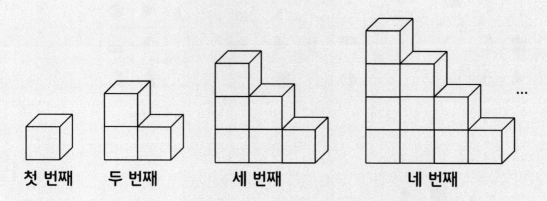

| 첫 번째 | 두 번째 | 세 번째 | 네 번째 |

이 외에도 선분, 각, 도형의 규칙을 찾아 개수를 세는 방법이 있습니다.

3. 규칙 찾아 개수 세기

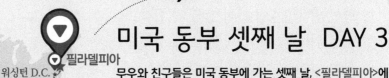

미국 동부 셋째 날 DAY 3

무우와 친구들은 미국 동부에 가는 셋째 날, <필라델피아>에
도착했어요. 자, 그럼 먼저 <필라델피아>에서는
무슨 재미난 일이 기다리고 있을지 떠나 볼까요?
즐거운 수학여행 출발~!

미국 동부
American East

위싱턴 D.C.
에틀랜타 ★

궁금해요 ?

무우는 순환하는 길을 따라 걷다가 혈관 벽에 그려진 〈그림〉과 같이 정사각형으로 이루어진 도형을 보았습니다. 무우는 이 도형에서 찾을 수 있는 ⊞ 크기의 정사각형이 모두 몇 개인지 궁금했습니다. ⊞ 크기의 정사각형은 모두 몇 개일까요?

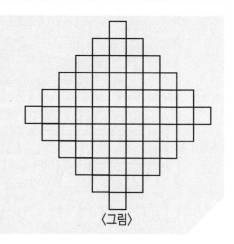

〈그림〉

1 선분과 각의 개수

1. 한 직선 위에 N개의 점이 있을 경우, 두 점을 잇는 서로 다른 선분의 개수를 구하는 방법은 아래와 같습니다. 단, 선분은 두 점을 곧게 이은 선입니다.

   한 직선 위에 2개의 점이 있을 때 선분의 개수 = 1개 ●─────────●

   한 직선 위에 3개의 점이 있을 때 선분의 개수 = 1 + 2 = 3개 ●────●────●

   한 직선 위에 4개 점이 있을 때 선분의 개수 = 1 + 2 + 3 = 6개

   ●────●────●────●

   따라서 한 직선 위에 N개 점이 있을 때

   선분의 개수 = 1 + 2 + 3 + ⋯ + (N − 2) + (N − 1) 개입니다.

2. 가장 작은 각의 개수가 오른쪽 〈그림〉과 같이 N개일 경우,
   180°보다 작은, 크고 작은 각의 개수는
   1 + 2 + 3 + ⋯ + (N − 2) + (N − 1) + N입니다.

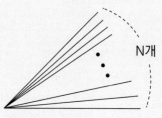

2 사각형의 개수

1. N개의 크기와 모양이 같은 직사각형을 오른쪽 〈그림 1〉과 같이 한 줄로 붙이는 경우
   ➡ 찾을 수 있는 크고 작은 직사각형의 개수는
   $1 + 2 + 3 + \cdots + (N - 2) + (N - 1) + N$입니다.

2. $(N \times N)$의 정사각형 격자를 오른쪽 〈그림 2〉와 같이 만들었을 때,
   ➡ 찾을 수 있는 크고 작은 정사각형의 개수는
   $(1 \times 1) + (2 \times 2) + (3 \times 3) + \cdots + (N - 2) \times (N - 2) + (N - 1) \times (N - 1) + N \times N$입니다.
   ➡ 찾을 수 있는 크고 작은 직사각형의 개수는
   $(1 + 2 + 3 + \cdots + N) \times (1 + 2 + 3 + \cdots + N)$입니다.

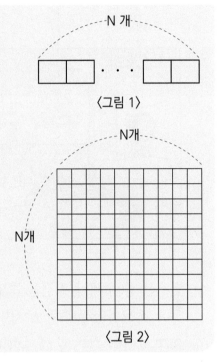

〈그림 1〉

〈그림 2〉

 정답

아래 〈그림〉 같이 1번째부터 5번째까지 규칙적으로 크기와 모양이 같은 정사각형을 나열하여 각 도형에서 찾을 수 있는 ⊞ 크기의 정사각형의 개수를 찾습니다.

1번째와 2번째에서 ⊞ 크기의 정사각형은 찾을 수 없습니다.

3번째에서 찾을 수 있는 ⊞ 크기의 정사각형의 개수는 2 + 2 = 4개입니다.

4번째에서 찾을 수 있는 ⊞ 크기의 정사각형의 개수는 2 + 4 + 4 + 2 = 12개입니다.

5번째에서 찾을 수 있는 ⊞ 크기의 정사각형의 개수는 2 + 4 + 6 + 6 + 4 + 2 = 24개입니다.

위의 1번째부터 5번째까지 찾을 수 있는 ⊞ 크기의 정사각형의 개수는 2부터 짝수의 합으로 이루어진 규칙을 갖고 있습니다. 만약 N 번째에서 찾을 수 있는 ⊞ 크기의 정사각형의 개수는

2 + 4 + 6 + ⋯ + (2 × N − 4) + (2 × N − 4) + ⋯ + 6 + 4 + 2가 됩니다.

무우가 본 도형은 6번째 도형입니다.

따라서 찾을 수 있는 ⊞ 크기의 정사각형의 개수는, 2 × N − 4 = 2 × 6 − 4 = 8이므로

2 + 4 + 6 + 8 + 8 + 6 + 4 + 2 = 40개입니다.

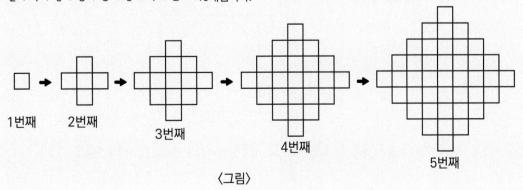

1번째   2번째

3번째

4번째

5번째

〈그림〉

무우는 종의 제작 과정을 보았습니다. 아래 〈그림〉과 같이 1단계부터 5단계까지 과정이 적혀있었습니다. 하지만 5단계가 지워졌습니다. 아래와 같이 규칙에 따라 각을 등분하여 그렸을 때, 5단계의 그림을 그리고 이 그림에서 찾을 수 있는 크고 작은 예각의 개수를 구하세요.

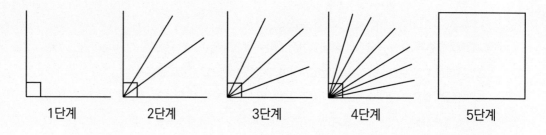

1단계   2단계   3단계   4단계   5단계

✏ Step 1   가장 작은 각의 개수를 각각 구하고 개수가 늘어나는 규칙을 찾으세요.

✏ Step 2   5단계에서 가장 작은 각의 개수는 몇 개인지 구하고 아래 직각 안에 가장 작은 각을 그리세요.

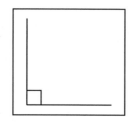

✏ Step 3   5단계에서 찾을 수 있는 크고 작은 예각의 개수를 구하세요.

풀이

🔍 **Step 1** 아래 〈표〉와 같이 각 단계의 가장 작은 각의 개수를 구합니다.

3단계의 가장 작은 각의 개수는 앞의 1단계와 2단계의 가장 작은 각의 개수의 합입니다. 4단계에서도 가장 작은 각의 개수가 앞의 두 수의 합입니다.

따라서 가장 작은 각의 개수가 늘어나는 규칙은 앞의 두 수의 합이 그다음 수가 되는 것입니다.

〈표〉	1단계	2단계	3단계	4단계
가장 작은 각의 개수	1	3	4	7

🔍 **Step 2** 5단계에서 가장 작은 각의 개수는 3단계와 4단계의 가장 작은 각의 개수의 합이므로 4 + 7 = 11개입니다. 오른쪽 〈그림〉과 같이 가장 작은 각을 11개를 그릴 수 있습니다

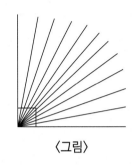

🔍 **Step 3** 5단계에서 찾을 수 있는 크고 작은 각은 모두
1 + 2 + 3 + 4 + … + 10 + 11 = 66입니다.
하지만 이 중에 직각 1개가 포함되어 있으므로
크고 작은 예각의 개수는 총 66 - 1 = 65개입니다.

〈그림〉

정답 : 65개

확인하기 1

한 직선 위에 27개의 점이 일렬로 있을 때, 두 점을 잇는 서로 다른 선분의 개수를 모두 구하세요.

확인하기 2

다음과 같이 규칙에 따라 각을 등분하여 그렸을 때, 50번째 모양에서 찾을 수 있는 180°보다 작은, 크고 작은 각의 개수를 모두 구하세요.

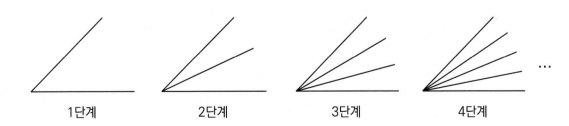

| 1단계 | 2단계 | 3단계 | 4단계 |

무우와 친구들은 공원에서 어떤 화가가 그린 도형들을 보자 무우는 9번째 도형에서 찾을 수 있는 크고 작은 정삼각형의 개수가 몇 개인지 궁금했습니다. 정삼각형은 모두 몇 개일까요?

1단계　　　2단계　　　　3단계　　　　　4단계　　　　　　5단계

Step 1 아래의 표를 완성하여 △ 모양의 개수 규칙을 찾고 9번째 도형에서 △ 모양의 정삼각형은 모두 몇 개인지 구하세요.

크기	1번째	2번째	3번째	4번째	5번째
△	1	1+2	1+2+3		
△△	0				
△△△	0				

Step 2 아래의 표를 완성하여 ▽ 모양의 개수 규칙을 찾고 9번째 도형에서 ▽ 모양의 정삼각형은 모두 몇 개인지 구하세요.

크기	1번째	2번째	3번째	4번째	5번째
▽	1	1+2	1+2+3		
▽▽	0				
▽▽▽	0				

Step 3 9번째 도형에서 찾을 수 있는 크고 작은 정삼각형은 모두 몇 개인지 구하세요.

Step 1 아래 〈표 1〉과 같이 크기가 서로 다른 △ 모양의 개수를 덧셈으로 나타냅니다. N 번째 도형에서 찾을 수 있는 가장 작은 정삼각형의 개수는 1부터 N까지 수의 합이고 정삼각형의 크기가 커질수록 각 정삼각형의 개수는 1부터 (N − 1)까지 수의 합이 됩니다. 또한, N 번째 도형에서 찾을 수 있는 △ 모양의 가짓수는 N 개입니다. 9번째 도형에서 찾을 수 있는 △ 모양의 크기가 서로 다른 정삼각형은 총 9가지가 있습니다. 따라서 9번째 도형에서 △ 모양 정삼각형의 개수는 1 + (1 + 2) + (1 + 2 + 3) + (1 + 2 + 3 + 4) + ⋯ + (1 + 2 + ⋯ + 9) = 1 + 3 + 6 + 10 + 15 + 21 + 28 + 36 + 45 = 165개입니다.

〈표 1〉

크기	1번째	2번째	3번째	4번째	5번째
△	1	1+2	1+2+3	1+2+3+4	1+2+3+4+5
	0	1	1+2	1+2+3	1+2+3+4
▲	0	0	1	1+2	1+2+3

Step 2 아래 〈표 2〉와 같이 크기가 서로 다른 ▽ 모양의 개수를 덧셈으로 나타냅니다. N 번째 도형에서 찾을 수 있는 가장 작은 정삼각형의 개수는 1부터 N까지 수의 합입니다. 또한, 홀수 번째의 각 크기의 덧셈식에는 마지막에 홀수를 더하고, 짝수 번째의 각 크기의 덧셈식에는 마지막에 짝수를 더합니다. 따라서 이 규칙을 따라 9번째 도형에서 ▽ 모양 정삼각형의 개수는
1 + (1 + 2 + 3) + (1 + 2 + 3 + 4 + 5) + (1 + 2 + ⋯ + 7) + (1 + 2 + ⋯ + 9) = 1 + 6 + 15 + 28 + 45 = 95개입니다.

〈표 2〉

크기	1번째	2번째	3번째	4번째	5번째
▽	1	1+2	1+2+3	1+2+3+4	1+2+3+4+5
▽	0	0	1	1+2	1+2+3
▽	0	0	0	0	1

Step 3 위에서 구한 9번째에서 찾을 수 있는 △ 모양 정삼각형의 개수와 ▽ 모양 정삼각형의 개수를 합하면 165 + 95 = 260개입니다.
따라서 9번째 도형에서 찾을 수 있는 크고 작은 정삼각형의 개수는 260개입니다

정답 : 260개

 다음과 같이 6 × 6 정사각형에서 찾을 수 있는 크고 작은 정사각형의 개수와 크고 작은 직사각형의 개수를 각각 구하세요.

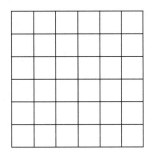

01 다음과 같이 규칙적으로 한 직선 위에 점을 일렬로 찍었을 때, 7번째 직선에서 두 점을 잇는 서로 다른 선분의 개수를 모두 구하세요.

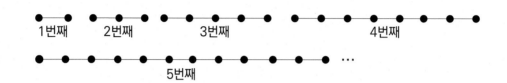

02 다음과 같이 규칙적으로 정사각형을 그려 나갈 때, 10번째 그림에서 ⊞ 크기의 정사각형은 모두 몇 개인지 구하세요.

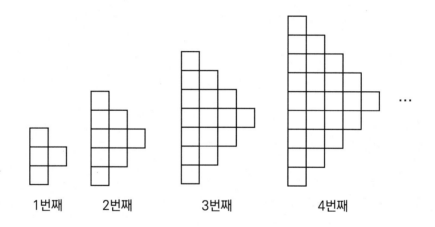

03 다음과 같이 규칙적으로 정사각형의 각 변의 중심을 이어 정사각형을 그려 나갈 때, 10번째 그림에서 찾을 수 있는 크고 작은 직사각형의 개수는 모두 몇 개인지 구하세요.

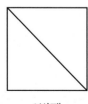
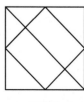
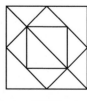
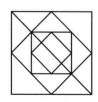

1번째   2번째   3번째   4번째

04 아래와 같이 정오각형을 규칙적으로 그려 나갈 때, 7번째 도형에서 모든 정오각형의 각 변에서 두 점을 잇는 선분의 개수를 모두 합한 값은 얼마인지 구하세요.

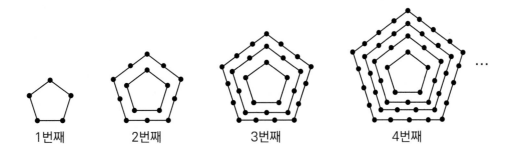

1번째 2번째 3번째 4번째

05 다음과 같이 규칙적으로 빨간색 정사각형과 파란색 정사각형을 붙여서 도형을 만들 때, 8번째 도형에서 찾을 수 있는 크고 작은 빨간색 정사각형 개수와 9번째 도형에서 찾을 수 있는 크고 작은 파란색 직사각형 개수의 차를 구하세요.

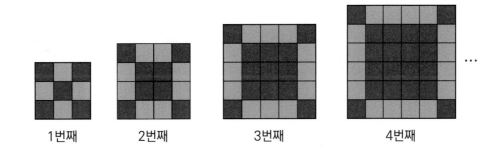

1번째 2번째 3번째 4번째

06 아래와 같이 각 ABE, 각 DBC는 각각 90°이고 각 EBC 사이에 규칙적으로 각을 등분할 때, 20번째 그림에서 찾을 수 있는 크고 작은 예각의 개수를 모두 구하세요.

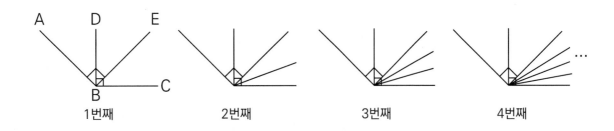

1번째 2번째 3번째 4번째

07 다음과 같이 정사각형에 대각선을 그은 도형을 규칙에 따라 이어 붙일 때, 27번째 도형에서 찾을 수 있는 크고 작은 마름모는 모두 몇 개인지 구하세요.

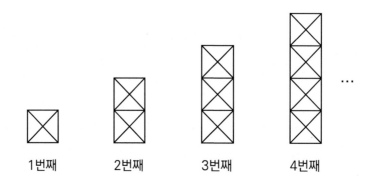

08 다음과 같이 규칙적으로 삼각형을 그려 나갈 때, 20번째 그림에서 찾을 수 있는 크고 작은 삼각형의 개수는 모두 몇 개인지 구하세요.

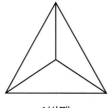 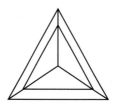 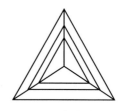 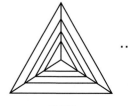

09 다음과 같이 규칙적으로 삼각형을 그려 나갈 때, 7번째 도형에서 △ 크기의 삼각형은 모두 몇 개인지 구하세요. (단, △을 회전할 수 있습니다.)

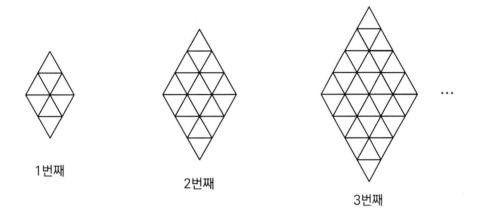

1번째

2번째

3번째

...

10 다음과 같이 규칙적으로 점을 찍어 나갈 때, 14번째 도형의 각 변 위에서 두 점을 잇는 선분의 개수를 모두 합한 값은 얼마인지 구하세요. (단, 도형의 서로 다른 변 위의 점 끼리 연결하지 않습니다.)

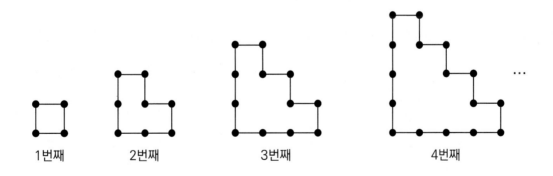

1번째   2번째   3번째   4번째   ...

01 다음과 같이 규칙적으로 정사각형에 대각선을 그려 나갈 때, 8번째 그림에서 찾을 수 있는 크고 작은 직각삼각형은 모두 몇 개인지 구하세요.

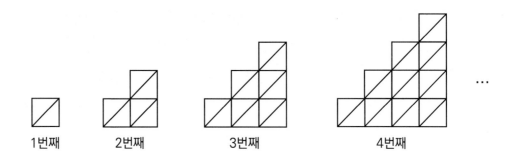

1번째   2번째   3번째   4번째

02 다음과 같이 직선을 규칙적으로 교차하여 그림을 그렸습니다. 21번째 그림에서 각 직선이 만났을 때 생긴 점 중에 두 점을 이어 만들 수 있는 선분의 개수는 모두 몇 개인지 구하세요. (단, 같은 직선 위에 있는 두 점을 잇는 선분만 생각합니다.)

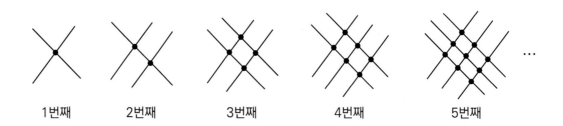

1번째   2번째   3번째   4번째   5번째

03 다음과 같이 규칙적으로 삼각형을 그려 나갈 때, 10번째 그림에서 △▽ 크기의 사각형은 모두 몇 개인지 구하세요. (단, △▽을 회전할 수 있습니다.)

1번째   2번째   3번째   4번째

04 다음과 같이 한 변의 길이가 1cm인 정삼각형을 규칙적으로 이어 붙여 도형을 만들 때, 둘레가 30cm인 도형에서 △ 크기의 삼각형은 모두 몇 개인지 구하세요. (단, △을 회전할 수 있습니다.)

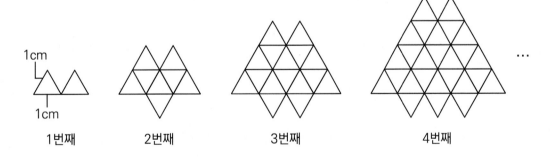

1cm
1cm
1번째   2번째   3번째   4번째

3 창의적문제해결수학

01 다음과 같이 육각형 모양으로 배열된 점의 개수를 육각수라고 합니다. 15번째 육각형 모양으로 배열된 점의 개수가 모두 몇 개인지 구하세요.

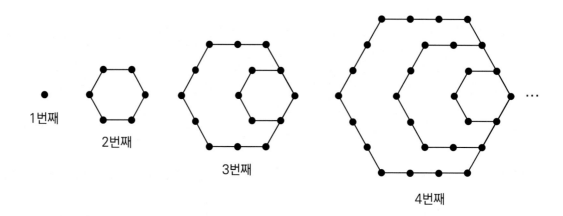

1번째

2번째

3번째

4번째

02
창의융합문제

1번째 모양에서 찾을 수 있는 크고 작은 정사각형의 개수는 1개이고 사용된 성냥개비의 개수는 총 4개입니다. 2번째 모양에서 찾을 수 있는 크고 작은 정사각형의 개수는 3개이고 사용된 성냥개비의 개수는 총 10개입니다. 찾을 수 있는 크고 작은 정사각형의 개수가 처음으로 100개를 넘을 때, 사용된 성냥개비의 개수를 구하세요.

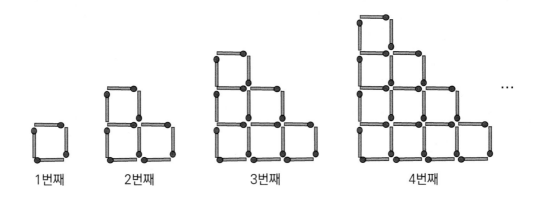

1번째   2번째   3번째   4번째

미국 동부에서 셋째 날 모든 문제 끝!
뉴욕으로 이동하는 무우와 친구들에게 어떤 일이 일어날까요?

매듭의 분류 방법?

수학에서 매듭이란 우리가 일상생활에서
신발 끈을 묶는 매듭이 아닌 줄의 양쪽 끝, 즉 처음과 끝을 이어 붙인 것입니다.
매듭을 분류하는 기준 중 하나가 교차
점의 개수입니다.

오른쪽 <그림>에 매듭의 교차점 개수가
3에서부터 7까지일 경우가 나열되어 있
습니다.

가장 기본적인 형태는 첫 번째 그림과
같이 교차점이 없는 원형 매듭입니다.
이 매듭을 '영매듭'이라고 하는데 우리
가 친구들하고 같이하는 실뜨기 놀이는

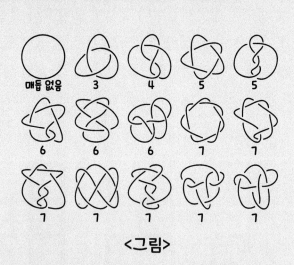

<그림>

'영매듭'에 속합니다. 손으로 실뜨기 놀이를 할 때 고리로 묶어 놓은 실의 모양이 다
양하게 변화하지만 손에서 빼면 원래의 원형 고리로 되돌아갑니다. 이렇게 줄을 자
르고 붙이는 과정을 하지 않고 같은 모양으로 만들 수 있으면 같은 종류의 매듭이라
고 말합니다.

오늘날까지 교차점이 10개 이하인 매듭의 종류는 총 249개이고, 교점이 16개 이하
인 매듭의 종류는 기하급수적으로 늘어나 무려 1,701,935가지나 존재한다는 것이
밝혀졌습니다.이러한 여러 가지 매듭은 과학에서 DNA의 구조나 바이러스의 행동
방식을 연구하는 데 중요하게 사용되고 있습니다.

4. 교점과 영역의 개수

미국 동부
American East

미국 동부 넷째 날 DAY 4

무우와 친구들은 미국 동부에 가는 넷째 날, <뉴욕>에
도착했어요. 자, 그럼 먼저 <뉴욕>에서는
무슨 재미난 일이 기다리고 있을지 떠나 볼까요?
즐거운 수학여행 출발~!

<그림>과 같이 상상이가 정사각형 2개를 겹쳐 만든 도형에서는 영역의 개수가 3개입니다. 무우가 정사각형 2개를 겹쳐 만든 도형의 영역 개수가 최대가 되려면 어떻게 겹치면 될까요?

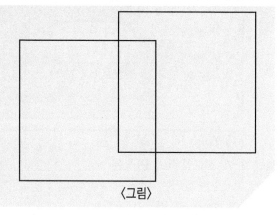

〈그림〉

1 교점의 최대 개수

다음은 직선을 각각 2개, 3개, 4개, 5개씩 그어 생기는 교점의 개수가 최대가 되도록 그린 그림입니다.

교점 = 1개

교점 = 3개

교점 = 6개

교점 = 10개

다음은 직선의 개수와 교점의 최대 개수를 나타낸 표입니다. 직선의 개수가 1개씩 증가함에 따라 교점의 최대 개수는 2개, 3개, 4개씩 증가합니다.

직선의 개수	2개	3개	4개	5개
교점의 최대 개수	1개	3개	6개	10개

2개 증가 3개 증가 4개 증가

따라서 N 개의 직선을 그어 생기는 교점의 최대 개수는
$1 + 2 + 3 + \cdots + (N - 2) + (N - 1)$개입니다.

2 영역의 최대 개수

다음은 사각형에 각각 1개, 2개, 3개의 직선으로 나누었을 때, 생기는 영역의 개수가 최대가 되도록 그린 그림입니다.

영역 = 2개

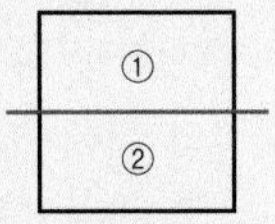

영역 = 4개

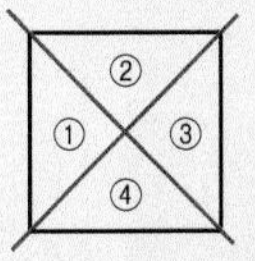

영역 = 7개

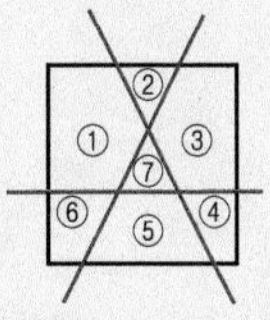

다음은 직선의 개수와 영역의 최대 개수를 나타낸 표입니다. 직선의 개수가 1개씩 증가함에 따라 영역의 최대 개수는 1개, 2개, 3개씩 증가합니다.

직선의 개수	0개	1개	2개	3개
영역의 최대 개수	1개	2개	4개	7개

1개 증가 2개 증가 3개 증가

따라서 N 개의 직선이 사각형을 나누는 내부 영역의 최대 개수는
$1 + 1 + 2 + 3 + \cdots + (N - 1) + N$개입니다.

정답

아래 〈그림 1〉과 같이 정사각형 2개가 만나는 교점의 개수를 한 개씩 늘렸을 때, 영역의 개수를 구합니다.

교점 = 1개

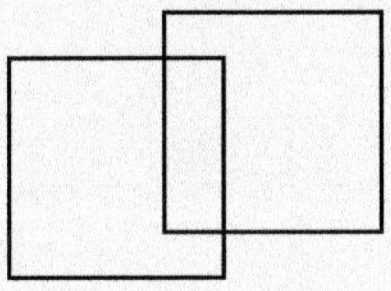

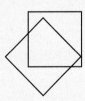
교점 = 3개

교점 = 4개

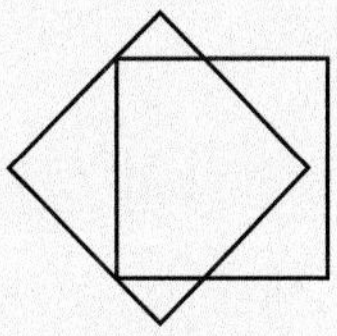

교점 = 5개

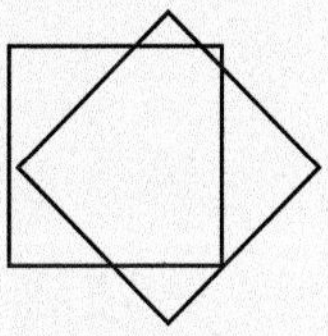

〈그림 1〉

이처럼 아래 〈표〉에서 정사각형 2개를 겹쳤을 때 생기는 교점의 개수와 영역의 개수 관계를 생각하면 교점의 개수가 1개씩 늘어날수록 영역의 개수도 1개씩 늘어납니다. 만약 교점의 개수가 N개라면 영역의 개수는 (N + 1) 개입니다.

〈표〉

교점의 개수	2개	3개	4개	5개
영역의 최대 개수	3개	4개	5개	6개

1개 증가 1개 증가 1개 증가

정사각형 2개를 겹쳤을 때 교점의 개수가 최대가 되는 도형을 만들어야 합니다. 정사각형 한 변마다 다른 정사각형의 변과 만나는 교점이 2개가 되어야 합니다. 오른쪽 〈그림 2〉와 같이 정사각형 2개를 겹쳐서 교점의 개수가 최대인 8개가 되도록 그립니다.

따라서 정사각형 2개로 만들 수 있는 영역의 최대 개수는 9개입니다.

〈그림 2〉

4 대표문제

1. 교점의 최대 개수

무우는 어떤 광고판을 유심히 지켜봤습니다. 이때, 무우는 〈그림〉을 통해 2개의 원이 만나서 생기는 최대 교점이 2개라는 것을 알게 되었습니다. 무우는 10개의 원이 만나서 생기는 교점의 최대 개수가 궁금해졌습니다. 과연 몇 개일지 구하세요.

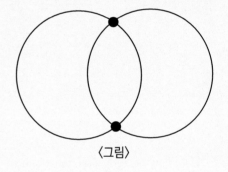

〈그림〉

Step 1 ▌ 아래 표에 원이 만나서 생기는 교점의 개수가 최대가 되도록 원을 그리고, 교점의 최대 개수를 쓰세요.

원의 개수	1개	2개	3개	4개
원 그림	◯	◯◯		
교점의 최대 개수	0개	2개		

Step 2 ▌ 원의 개수가 늘어날 때, 교점의 최대 개수의 늘어나는 규칙을 설명하세요.

Step 3 ▌ 10개의 원이 만나서 생기는 교점의 최대 개수를 구하세요.

Step 1 아래 〈표〉와 같이 원의 개수가 1개씩 늘어날 때마다 교점의 개수가 최대가 되도록 원을 그릴 수 있습니다.

〈표〉

원의 개수	1개	2개	3개	4개
원 그림				
교점의 최대 개수	0개	2개	6개	12개

Step 2 원의 개수가 한 개씩 늘어날 때, 교점의 최대 개수는 2개, 4개, 6개씩 늘어납니다. 따라서 원의 개수가 N개일 때, 교점의 최대 개수는 (N − 1) × N개입니다.

Step 3 원이 10개일 때, 교점의 최대 개수는 9 × 10 = 90개입니다.

정답 : 90개

확인하기 1

다음과 같이 직선의 개수가 늘어날수록 교점의 최대 개수가 규칙적으로 늘어납니다. 이처럼 13개의 직선을 그었을 때, 직선끼리 서로 만나서 이루는 교점의 최대 개수는 모두 몇 개인지 구하세요.

교점 = 1개   교점 = 3개   교점 = 6개   교점 = 10개

확인하기 2

교점의 개수가 최대가 되도록 직선을 그었습니다. 직선끼리 서로 만나서 이루는 교점의 최대 개수가 66개일 때, 직선은 모두 몇 개인지 구하세요.

4 대표문제

2. 영역의 최대 개수

직원이 낸 문제를 풀면 줄을 서지 않고 바로 패스를 받을 수 있습니다. 무우와 친구들이 문제를 풀 수 있도록 도와주세요.

원 안에 직선 10개를 그렸을 때 원을 최대 몇 부분으로 나눌 수 있고, 최소 몇 부분으로 나눌 수 있을지 각각의 개수를 구하세요.

Step 1 아래 원 안에 영역의 개수가 최대와 최소가 되도록 각각 주어진 수만큼의 직선을 그리세요.

영역의 개수가 최소일 때

○	○	○	○
직선 1개	직선 2개	직선 3개	직선 4개

영역의 개수가 최대일 때

○	○	○	○
직선 1개	직선 2개	직선 3개	직선 4개

Step 2 아래 표에 직선의 개수가 늘어날 때, 영역의 최대와 최소 개수를 쓰고 늘어나는 규칙을 설명하세요.

직선의 개수	1개	2개	3개	4개
영역의 최소 개수	2개			
영역의 최대 개수	2개			

Step 3 원 안에 직선 10개를 그렸을 때, 생기는 영역의 최대와 최소 개수를 각각 구하세요.

풀이

Step 1
아래 〈그림 1〉은 원 안에 각각 1개, 2개, 3개, 4개의 직선을 그어 생기는 영역의 개수가 최소가 되도록 그린 그림입니다. 반대로 〈그림 2〉는 원 안에 각각 1개, 2개, 3개, 4개의 직선을 그어 생기는 영역의 개수가 최대가 되도록 그린 그림입니다.

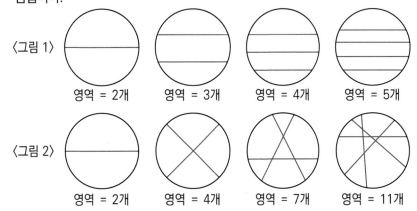

〈그림 1〉

영역 = 2개   영역 = 3개   영역 = 4개   영역 = 5개

〈그림 2〉

영역 = 2개   영역 = 4개   영역 = 7개   영역 = 11개

Step 2
아래 〈표〉와 같이 직선의 개수와 영역의 최소와 최대 개수를 각각 나타냅니다.
직선의 개수가 1개씩 증가하면 영역의 최대 개수는 2개, 3개, 4개씩 증가합니다.
반면 직선의 개수가 1개씩 증가하면 영역의 최소 개수는 1개씩 증가합니다.
따라서 N개의 직선을 원 안에 그었을 때 생기는 영역의 최대 개수는
$1 + 1 + 2 + 3 + \cdots + (N - 1) + N$개이고 최소 개수는 $N + 1$개입니다.

〈표〉

직선의 개수	1개	2개	3개	4개
영역의 최소 개수	2개	3개	4개	5개
영역의 최대 개수	1 + 1 = 2개	1 + 1 + 2 = 4개	1 + 1 + 2 + 3 = 7개	1 + 1 + 2 + 3 + 4 = 11개

2개 증가   3개 증가   4개 증가

Step 3
무우와 친구들은 10개의 직선을 원 안에 그었을 때, 영역의 최대 개수는
$1 + 1 + 2 + \cdots + 9 + 10 = 56$개이고 최소 개수는 $10 + 1 = 11$개입니다.

정답 : 최대 개수 = 56개, 최소 개수 = 11개

확인하기

다음과 같이 원의 개수가 늘어날수록 영역의 최대 개수도 늘어납니다. 원이 9개일 때, 영역의 최대 개수를 구하세요.

영역 = 1개

영역 = 3개

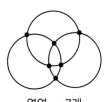

영역 = 7개

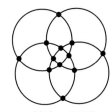

영역 = 13개

4 연습문제

01 다음과 같이 직선 1개, 2개, 3개일 때, 영역의 개수가 최대가 되도록 나눴습니다. 이와 같은 방법으로 12개의 직선으로 평면을 나눌 때 최대 몇 개의 영역으로 나누는지 구하세요.

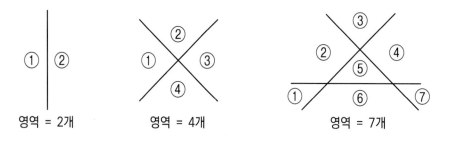

02 다음과 같이 두 점이 있으면 최대 직선 1개를 그릴 수 있고 세 점이 있으면 두 점을 지나는 직선을 최대 3개까지 그릴 수 있습니다. 만약 점 10개가 있으면 직선을 최대 몇 개까지 그릴 수 있을지 구하세요.

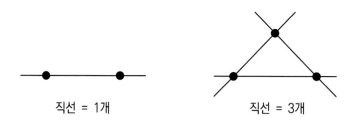

03 다음과 같은 정사각형 안에 영역의 개수가 최대가 되도록 직선을 그었더니 영역의 최대 개수가 106개가 되었습니다. 이때, 정사각형 안에 그은 직선의 개수를 모두 구하세요.

04 다음과 같이 1개의 정삼각형에 여러 개의 직선을 그어 정삼각형을 최대한 많은 영역
으로 나누려고 합니다. 이처럼 직선 10개를 그었을 때 정삼각형과 직선, 직선과 직선
끼리 서로 만나 생기는 교점의 최대 개수를 구하세요.

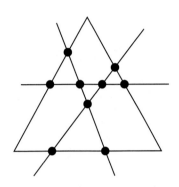

05 한 평면에 여러 개의 직선을 그어서 생긴 교점의 최대 개수가 136개일 때, 평면에 나
누어진 영역의 개수를 모두 구하세요.

06 한 평면에 여러 개의 직선을 그어서 생긴 영역의 최대 개수가 232개일 때, 이 직선끼
리 서로 만나는 교점의 개수를 모두 구하세요.

07 아래와 같이 원 모양의 피자의 원의 중심을 지나도록 잘라서 나눠 먹으려고 합니다. 13명의 친구들이 똑같은 개수로 나눠 먹으려면 최소한 몇 번 잘라야 할까요?

08 아래와 같은 원 안에 영역의 개수가 최대가 되도록 여러 개의 직선을 그으려고 합니다. 원 안에 영역의 개수와 직선끼리 교점의 개수 합이 101개일 때, 원 안에 그은 직선의 개수를 구하세요.

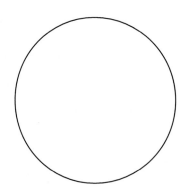

09 아래와 같이 2개의 정사각형이 만나서 생기는 교점의 최대 개수는 8개입니다. 3개의 정사각형이 만났을 때와 4개의 정사각형이 만났을 때 생기는 교점의 최대 개수를 각각 구하세요.

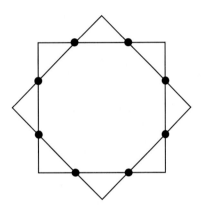

10 아래와 같은 정삼각형 안에 영역의 개수가 최대가 되도록 크기가 다른 원을 그리려고 합니다. 정삼각형 안에 주어진 개수만큼 원을 그리고 정삼각형 안에 크기가 다른 원을 4개를 그릴 때 영역의 최대 개수를 구하세요.

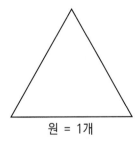

원 = 1개

원 = 2개

원 = 3개

01 아래와 같이 정삼각형 1개와 원 1개를 겹쳐서 그리면 최대 6개의 교점이 생깁니다. 이처럼 크기가 같은 정삼각형 4개와 원 1개를 겹쳐서 그렸을 때, 생길 수 있는 교점의 최대 개수를 모두 구하세요.

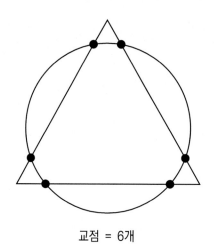

교점 = 6개

02 아래와 같은 원 안에 영역의 개수가 최대가 되도록 크기가 서로 다른 정사각형을 그리려고 합니다. 원 안에 주어진 개수만큼 크기가 다른 정사각형을 그리고, 영역의 최대 개수를 각각 구하세요.

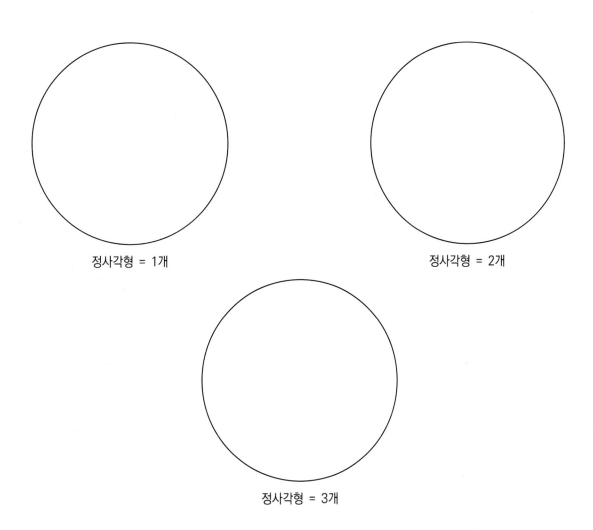

정사각형 = 1개

정사각형 = 2개

정사각형 = 3개

03 다음과 같이 원 안에 직선을 그어 만들 수 있는 영역의 개수와 가짓수를 각각 구했습니다. 직선 1개는 영역의 개수가 2개로 1가지이고 직선 2개는 영역의 개수가 3개, 4개로 총 2가지입니다. 직선 3개는 영역의 개수가 4, 5, 6, 7개로 총 4가지입니다. 이때, 직선 15개를 그었을 때 만들 수 있는 영역의 개수와 가짓수를 구하세요.

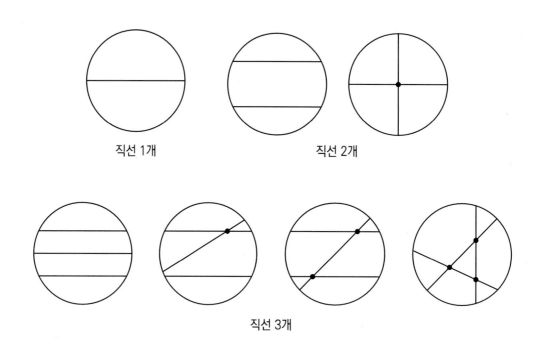

직선 1개   직선 2개

직선 3개

04 아래와 같이 정사각형 안에 10개의 원이 그려져 있습니다. 이때, 정사각형에 최소한의 직선을 그어서 원이 모두 다른 영역에 들어가도록 만들려고 합니다. 정사각형에 조건에 맞게 직선을 그려보고 필요한 직선이 최소한 몇 개인지 구하세요.

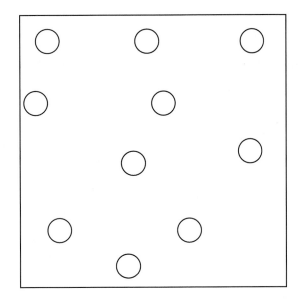

4 창의적문제해결수학

01 아래에서 별 모양 내부에 영역의 개수가 최대가 되도록 직선을 그리려고 합니다. 별 모양에 주어진 개수만큼 직선을 그리고, 영역의 최대 개수를 각각 구하세요.

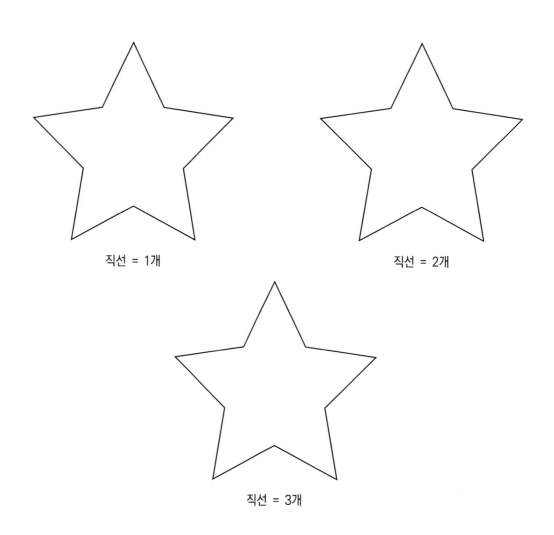

직선 = 1개

직선 = 2개

직선 = 3개

정답 및 풀이 P.26

02

창의융합문제

무우는 정원사가 고민한 대로 25그루의 나무를 12개의 직선 산책로 위에 놓을 때, 하나의 직선 산책로마다 5개씩 놓는 방법을 찾을 수 있을까요? 직선 산책로는 직선으로, 나무는 점으로 나타내어 무우가 찾은 방법을 그리세요.

> 12개의 직선 산책로가 있고, 직선 산책로끼리 만나는 곳마다 1개의 나무를 심고, 총 25그루의 나무를 각 직선 산책로 위에 5개씩 심으려면 어떻게 놓으면 될까?

미국 동부에서 넷째 날 모든 문제 끝!
보스턴으로 이동하는 무우와 친구들에게 어떤 일이 일어날까요?

파스칼의 삼각형

프랑스의 수학자인 파스칼 (Blaise Pascal, 1623 ~ 1662)은 어떤 게임이 도중에 중단되었을 때 상금을 배분하는 문제를 연구하다가 <파스칼의 삼각형>을 발견했습니다. 하지만 페르시아의 시인이자 수학자인 오마르 카이얌 (Omar Khayyam, 1048 ~ 1131)은 일찍이 1100년부터 이 패턴을 세상에 알렸고, 고대 인도와 중국의 수학자들도 알고 있었지만, 파스칼이 1654년에 이 패턴을 다룬 최초의 논문을 내어 <파스칼의 삼각형>이라고 불리게 됐습니다.

각 행의 맨 처음과 맨 끝에 1을 쓰고, 3행부터 위의 두 수를 합한 결과를 가운데 아래에 쓰면서 규칙적으로 수를 적으면 아래 <파스칼의 삼각형>이 됩니다. 적힌 수들의 배열을 보면 여러 가지의 규칙들이 있습니다.

대각선 ①의 방향에 적힌 수들은 1, 2, 3, 4, 5로 1씩 증가하는 규칙입니다.
대각선 ②의 방향에 적힌 수들은 1, 3, 6, 10으로 2, 3, 4씩 증가하는 규칙입니다.
대각선 ③의 방향에 적힌 수들은 1, 4, 10, 20으로 1, 1 + 3, 1 + 3 + 6, 1 + 3 + 6 + 10이 되는 규칙입니다.

〈파스칼의 삼각형〉

이외에도 각 행의 수들의 합은 1, 2, 4, 8, 16, 32로 2씩 계속 곱한 값이 되는 규칙입니다.

5. 수 배열의 규칙

미국 동부
American East

미국 동부 다섯째 날 DAY 5

무우와 친구들은 미국 동부에 가는 다섯째 날, <보스턴>에
도착했어요. 자, 그럼 먼저 <보스턴>에서는
무슨 재미난 일이 기다리고 있을지 떠나 볼까요?
즐거운 수학여행 출발~!

궁금해요 ?

개구리는 0이 적힌 칸에서 출발하여 시계 방향으로 숫자판 위를 4칸씩 뛰어갔습니다. 이를 본 상상이는 만약 개구리가 6250번 뛴다면 개구리가 있는 칸에 적힌 수는 무엇일지 궁금했습니다. 6250번 뛴 그 수를 구해보세요.

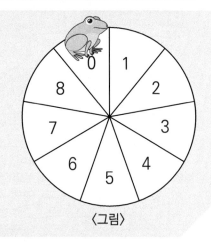

〈그림〉

1 수 배열표에서 규칙 찾기

오른쪽 〈수 배열표 1〉에서 어떤 규칙을 찾을 수 있을까요?

1. 오른쪽으로 한 칸씩 갈수록 1씩 커집니다. 아래로 한 칸씩 내려갈수록 15씩 커집니다.

2. 파란색 칸은 아래로 내려갈수록 16씩 커집니다. 빨간색 테두리로 된 칸은 위로 올라갈수록 14씩 작아집니다.

23	24	25	26	27
38	39	40	41	42
53	54	55	56	57
68	69	70	71	72
83	84	85	86	87

〈수 배열표 1〉

오른쪽 〈수 배열표 2〉에서 어떤 규칙을 찾을 수 있을까요?

1. 1행의 ➡에서 1, 2, 5, 10, 17 …입니다. 이 수들은 1, 3, 5, 7씩 커지는 규칙입니다.

2. 대각선의 ➡에서 1, 3, 7, 13, 21 …입니다. 이 수들은 2, 4, 6, 8씩 커지는 규칙입니다.

3. 1열의 ➡에서 1, 4, 9, 16, 25 …입니다. 이 수들은 1 × 1, 2 × 2, 3 × 3, 4 × 4, 5 × 5로 같은 수를 두 번 곱하는 규칙입니다.

	1열	2열	3열	4열	5열
1행	1	2	5	10	17
2행	4	3	6	11	18
3행	9	8	7	12	19
4행	16	15	14	13	20
5행	25	24	23	22	21

〈수 배열표 2〉

2 손가락 배열 찾기

오른쪽 〈손〉과 같이 손가락으로 수를 셀 때, 20은 어느 손가락으로 세는지 구하는 방법

먼저 반복되는 구간을 찾으면 아래 〈표 1〉과 같이 엄지부터 수를 세어 다시 엄지에 오기 전인 파란색 칸까지 한 마디에 8개의 수가 반복됩니다. 이를 통해 20을 8로 나눈 나머지를 아래 〈표 2〉에서 찾아 손가락의 위치를 찾습니다.

$20 \div 8 = 2 \cdots 4$이므로 손가락의 약지 위치에서 20을 셉니다.

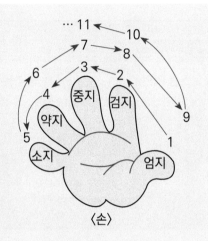

〈손〉

〈표 1〉

엄지	검지	중지	약지	소지
1	2	3	4	5
9	8	7	6	
	10	11	12	13
17	16	15	14	

〈표 2〉

8로 나눈 나머지	0	1	2	3	4	5	6	7
손가락	검지	엄지	검지	중지	약지	소지	약지	중지

설명

복잡한 수 배열표에서 어떤 수를 찾는 방법

1. 복잡한 수 배열표에서 가로, 세로, 대각선으로 놓인 수들의 규칙을 찾아 어떤 수를 찾습니다.

2. 행과 열을 순서쌍으로 나타낸 후 수의 크기와 순서쌍의 순서 등의 관계를 파악하여 어떤 수가 몇 번째 수인지 구합니다.

정답

먼저 개구리가 원형 숫자판 위를 0에서부터 4칸씩 이동할 때 이동한 칸에 적힌 수들을 나열합니다.

$0 \rightarrow 4 \rightarrow 8 \rightarrow 3 \rightarrow 7 \rightarrow 2 \rightarrow 6 \rightarrow 1 \rightarrow 5 \rightarrow 0 \rightarrow 4 \rightarrow 8 \rightarrow 3 \rightarrow 7 \rightarrow 2 \rightarrow 6 \rightarrow 1 \rightarrow 5 \rightarrow 0 \cdots$으로 처음 0의 자리가 오기 전까지 (4, 8, 3, 7, 2, 6, 1, 5)의 수들이 나열됩니다.

따라서 반복되는 패턴 마디는 (0, 4, 8, 3, 7, 2, 6, 1, 5)입니다.

상상이가 6250번 뛴 뒤 개구리의 위치가 궁금했으므로 패턴 마디 안에는 9개의 수들이 있으므로

$6250 \div 9 = 694 \cdots 4$입니다. 나머지가 4이므로 패턴 마디의 네 번째 수인 3입니다.

따라서 6250번 뛴 뒤 개구리의 위치는 3입니다.

1. 등차 배열

※ 프리덤 트레일이란? 바닥에 선처럼 이어진 붉은 벽돌 길입니다. 이 길을 따라 미국 독립에 관련된 16개의 역사적인 장소들을 갈 수 있습니다.

무우는 15번째에서 흰 바둑돌과 검은 바둑돌 중 어느 바둑돌이 몇 개 더 많은지 궁금했습니다. 과연 어떤 바둑돌이 더 많을지 구하세요.

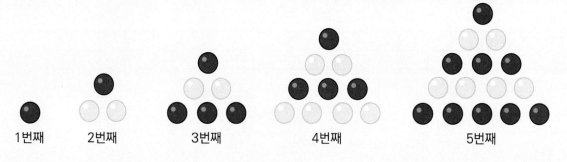

1번째 2번째 3번째 4번째 5번째

Step 1　표의 빈칸에 각 개수와 차를 적은 후 흰 바둑돌과 검은 바둑돌 개수의 규칙과 바둑돌 개의 차의 규칙을 각각 적으세요.

순서	1번째	2번째	3번째	4번째	5번째	6번째
흰 바둑돌 개수	0	2				
검은 바둑돌 개수	1	1				
바둑돌의 개수 차	1	1				

Step 2　15번째에서 어떤 바둑돌이 몇 개 더 많은지 구하세요.

Step 1 아래 〈표 1〉과 같이 빈칸에 각 개수를 채워 넣습니다. 흰 바둑돌 개수의 규칙은 짝수 번째마다 2, 4, 6씩 더해지고 홀수 번째는 짝수 번째와 개수가 같습니다. 검은 바둑돌 개수의 규칙은 홀수 번째마다 1, 3, 5씩 더해지고 짝수 번째는 홀수 번째와 개수가 같습니다. 두 바둑돌의 개수의 차는 1, 1, 2, 2, 3, 3으로 홀수 번째에서 1씩 늘어나고 짝수 번째는 홀수 번째와 같습니다. 또한, 홀수 번째에서 검은 바둑돌의 개수가 더 많고, 짝수 번째에서는 흰 바둑돌의 개수가 더 많습니다.

〈표 1〉

순서	1번째	2번째	3번째	4번째	5번째	6번째
흰 바둑돌 개수	0	2	2	2 + 4 = 6	2 + 4 = 6	2 + 4 + 6 = 12
검은 바둑돌 개수	1	1	1 + 3 = 4	1 + 3 = 4	1 + 3 + 5 = 9	1 + 3 + 5 = 9
바둑돌의 개수 차	1	1	2	2	3	3

Step 2 15번째는 홀수 번째이므로 검은 바둑돌이 흰 바둑돌보다 더 많습니다. 아래 〈표 2〉와 같이 홀수 번째에서 바둑돌 개수의 차가 1씩 늘어나므로 15번째에서 개수의 차는 8개입니다. 따라서 15번째에서 검은 바둑돌이 흰 바둑돌보다 8개 더 많습니다.

〈표 2〉

순서	1번째	2번째	3번째	4번째	5번째	6번째
바둑돌의 개수 차	1	1	2	2	3	3

정답 : 검은 바둑돌이 흰 바둑돌보다 8개 더 많습니다.

확인하기 아래와 같이 표 안에 수를 규칙적으로 나열했을 때, 69는 어떤 알파벳과 같은 줄에 있을까요?

A	B	C	D	E	F	G
1	2	3	4	5	6	7
14	13	12	11	10	9	8
15	16	17	18	19	20	21
28	27	26	25	24	23	22

2. 여러가지 수 배열의 규칙

아래 표를 보고 2행 4열의 수인 15를 (2, 4)로 표현할 때, (9, 6)은 어떤 수일까요?

	1열	2열	3열	4열	5열
1행	1	4	5	16	17
2행	2	3	6	15	18
3행	9	8	7	14	19
4행	10	11	12	13	20
5행	25	24	23	22	21

〈표〉

Step 1　행과 열의 수가 같은 대각선 위의 수 배열에서 찾을 수 있는 규칙을 적어보고 (9, 9)는 어떤 수인지 구하세요.

Step 2　아래 표에서 파란색 칸에서 화살표를 따라 빨간색 칸으로 이동할 때, 수 배열이 어떤 규칙으로 바뀌는지 적어보고 (9, 6)은 어떤 수인지 구하세요.

	1열	2열	3열	4열	5열
1행	1	4	5	16	17
2행	2 ← 3		6	15	18
3행	9	8 ← 7		14	19
4행	10	11	12 ← 13		20
5행	25	24	23	22 ← 21	

풀이

Step 1 아래 〈표 1〉은 행과 열의 수가 같은 대각선 위의 수인 1, 3, 7, 13, 21이 2, 4, 6, 8씩 커지는 규칙을 나타낸 것입니다.
따라서 (9, 9)는 1 + (2 + 4 + 6 + 8 + 10 + 12 + 14 + 16) = 73입니다.

〈표 1〉

행과 열	(1, 1)	(2, 2)	(3, 3)	(4, 4)	(5, 5)
수 배열	1	1 + 2 = 3	1 + 2 + 4 = 7	1 + 2 + 4 + 6 = 13	1 + 2 + 4 + 6 + 8 = 21

Step 2 오른쪽 〈표 2〉와 같이 화살표를 따라 파란색 칸에서 빨간색 칸으로 한 칸 이동할 때, 각 칸의 적힌 수의 규칙을 찾습니다. (2, 2)에서 (2, 1)로 이동할 때, 칸에 적힌 수는 3에서 2로 1만큼 줄어듭니다. 반대로 (3, 3)에서 (3, 2)로 이동할 때, 칸에 적힌 수는 7에서 8로 1만큼 늘어납니다.
이와 마찬가지로 (4, 4)에서 (4, 3)으로 이동할 때, 칸에 적힌 수는 1만큼 줄어들고

	1열	2열	3열	4열	5열
1행	1	4	5	16	17
2행	2 ← 3		6	15	18
3행	9	8 ← 7		14	19
4행	10	11	12 ← 13		20
5행	25	24	23	22 ← 21	

〈표 2〉

(5, 5)에서 (5, 4)로 이동할 때, 칸에 적힌 수는 1만큼 늘어납니다.
따라서 (N, N)에서 N이 짝수이면 한 칸씩 왼쪽으로 이동할 때, 칸에 적힌 수는 1만큼 줄어들고 N이 홀수이면 한 칸씩 왼쪽으로 이동할 때, 칸에 적힌 수는 1만큼 늘어납니다.
(9, 9)에서 왼쪽으로 3칸 이동하면 (9, 6)이 됩니다. (9, 9)에서 9는 홀수이므로 한 칸씩 왼쪽으로 이동하면 1씩 늘어나므로 73 + 1 × 3 = 76입니다.

정답 : (9, 6) = 76

확인하기

아래와 같이 표 안에 수를 규칙적으로 적었습니다. 4행 3열의 수를 (4, 3) = 12라고 표현합니다. 이때 (10, 3)은 어떤 수인지 구하세요.

	1열	2열	3열	4열	5열
1행	1	4	9	16	25
2행	2	3	8	15	24
3행	5	6	7	14	23
4행	10	11	12	13	22
5행	17	18	19	20	21

01 아래와 같이 무우는 요일 아래에 적힌 순서대로 요일을 말했습니다. 무우가 요일을 175번 말했다면 마지막으로 말한 요일이 무슨 요일일지 구하세요.

월	화	수	목	금	토	일
1	2	3	4	5	6	7
	12	11	10	9	8	
13	14	15	16	17	18	19
		...	21	20		

02 아래와 같이 분수들을 규칙적으로 나열했을 때, 15번째 분수를 구하세요.

$$\frac{2}{5}, \ \frac{4}{9}, \ \frac{7}{15}, \ \frac{11}{23}, \ \frac{16}{33} \cdots$$

03 아래와 같이 수 배열표의 일부가 물에 젖었습니다. 물음표에 들어갈 수를 구하세요.

23	27			39	
	177	181			
323					
					?

04 아래와 같이 2행 4열의 수인 11을 (2, 4)로 표현합니다. 이때 130은 몇 행 몇 열의 수
인지 구하세요.

	1열	2열	3열	4열	5열
1행	1	2	9	10	25
2행	4	3	8	11	24
3행	5	6	7	12	23
4행	16	15	14	13	22
5행	17	18	19	20	21

05 아래와 같이 규칙적으로 순서쌍을 나열했을 때, (5, 8)은 몇 번째에 나오는지 구하세요.

$$(0, 1), (1, 0), (0, 2), (1, 1), (2, 0), (0, 3), (1, 2), (2, 1), (3, 0) \cdots$$

06 아래와 같이 원형 판에 적힌 수인 1에서 개구리가 출발할 때, 개구리는 홀수가 적힌
칸에서 반시계 방향으로 3칸씩, 짝수가 적힌 칸에서 시계 방향으로 4칸씩 이동합니다.
만약 개구리가 650번 뛴다면 개구리가 있는 칸에 적힌 수를 구하세요.

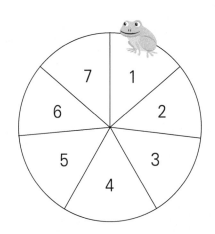

07 아래와 같이 2행 4열의 수인 11을 (2, 4)로 표현합니다. 이때 (13, 8)은 어떤 수인지 구하세요.

	1열	2열	3열	4열	5열
1행	1	2	4	7	11
2행	2	4	7	11	16
3행	3	6	10	15	21
4행	4	8	13	19	26
5행	5	10	16	23	31

08 아래와 같이 짝수들을 규칙적으로 배열했습니다. 2행 4열의 수인 10을 (2, 4)로 표현합니다. 이때, 1500은 몇 행 몇 열의 수인지 구하세요.

	1열	2열	3열	4열	5열
1행		2	4	6	8
2행	16	14	12	10	
3행		18	20	22	24
4행	32	30	28	26	
5행		34	36	38	40

09 아래와 같이 4행까지 있는 표 안에 규칙적으로 수를 순서대로 색칠하려고 합니다. 첫 번째 색칠한 칸은 2행 1열이므로 (2, 1)로 나타낼 때, 123번째 색칠된 칸은 몇 행 몇 열인지 구하세요.

	1열	2열	3열	4열	5열	6열	7열	8열	9열	10열	11열	12열	13열	14열	15열	16열
1행				4							13					
2행	1		3		5			10		12		14			19	
3행		2				6	7	9	11				15	16	18	20
4행						8							17			

10 아래와 같이 홀수들을 규칙적으로 배열했습니다. 위에서부터 4번째 줄의 3번째 수가 17입니다. 이때 위에서부터 15번째 줄의 8번째 수를 구하세요.

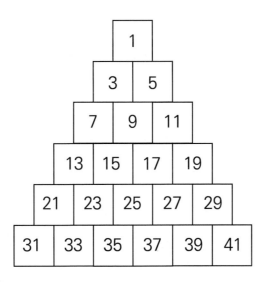

01 아래와 같이 규칙적으로 수를 배열했습니다. 위에서부터 12번째 줄의 가장 왼쪽에 적한 수와 11번째 줄의 가장 오른쪽에 적힌 수의 차를 구하세요.

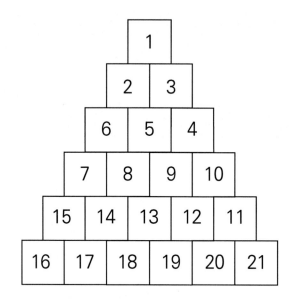

02 아래와 같이 규칙적으로 수 배열표를 만들었습니다. 2행 4열의 수인 11을 (2, 4)로 표현합니다. (A, B) × (2, 2) = (14, 8)일 때, A × B를 구하세요.

	1열	2열	3열	4열	5열
1행	1	2	5	10	17
2행	4	3	6	11	18
3행	9	8	7	12	19
4행	16	15	14	13	20
5행	25	24	23	22	21

03 아래와 같이 규칙적으로 표 안에 수를 적었습니다. 2행 4열의 수인 8을 (2, 4)로 표현합니다. 이때, (13, 15)는 어떤 수인지 구하세요.

	1열	2열	3열	4열	5열	6열	7열	8열
1행	1		2		9		10	
2행		3		8		11		24
3행	4		7		12		23	
4행		6		13		22		…
5행	5		14		21		…	
6행		15		20		…		
7행	16		19		…			
8행		18		…				
9행	17		…					

04 아래와 같이 규칙적으로 수를 적었을 때, 첫 번째로 꺾이는 부분의 수는 4, 두 번째로 꺾이는 부분의 수는 5, 세 번째로 꺾이는 부분의 수는 9입니다. 26번째로 꺾이는 부분의 수는 무엇일지 구하세요.

29	30	⋯				
28	11	12	13	14	15	16
27	10	1	2	3	4	17
26	9	8	7	6	5	18
25	24	23	22	21	20	19

01 아래와 같이 양손으로 수를 셉니다. 9는 왼손의 소지로 센다고 한다면 1255는 어느 손의 어떤 손가락으로 세는지 구하세요.

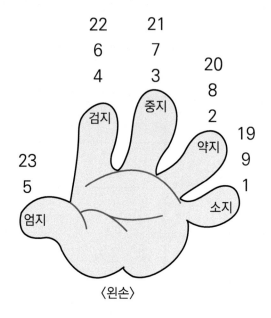

22 21
6 7
4 3
검지 중지
20
8
2
약지
23 19
5 9
1
엄지 소지

〈왼손〉

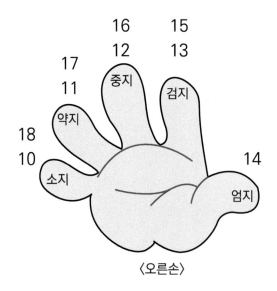

16 15
12 13
17
11 중지 검지
약지
18
10
소지 14
엄지

〈오른손〉

02

창의융합문제

무우와 친구들이 들어간 식당 안에는 아래와 같이 규칙적으로 바둑돌을 배열해 놓은 액자가 벽에 걸려있었습니다. 이를 본 무우는 14번째에 있는 흰 바둑돌과 검은 바둑돌 개수의 차를 궁금했습니다. 과연 두 바둑돌의 개수의 차는 얼마일지 구하세요.

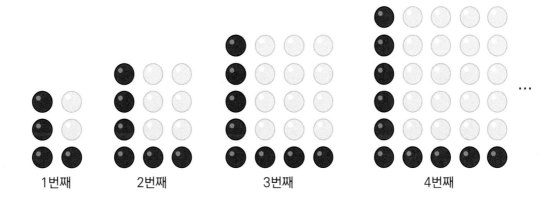

미국 동부에서 다섯째 날 모든 문제 끝!
캐나다 서부로 이동하는 무우와 친구들에게 어떤 일이 일어날까요?

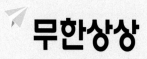

무한상상

창의영재수학

아이앤아이

정답 및 풀이

중급 D
초등 4~6학년
규칙
미국 동부편

무한상상

창의영재수학

아이앤아이

정답 및
풀이

중급
초등 4~6학년
D
규칙
미국 동부편

1. 규칙성 찾기

대표문제1 확인하기 1 ·· P. 13

[정답] 9089 + 999 − 89 = 9999

$$\overset{\text{ⓐ}}{}\quad\overset{\text{ⓑ}}{}\quad\overset{\text{ⓒ}}{}\quad\overset{\text{ⓓ}}{}$$
$$1009 + 119 - 9 = 1119$$
$$2019 + 229 - 19 = 2229$$
$$3029 + 339 - 29 = 3339$$
$$4039 + 449 - 39 = 4449$$
$$\vdots$$
$$9089 + 999 - 89 = 9999$$
(보기)

〈풀이 과정〉

① (보기)에서 아래로 갈수록 ⓐ는 1010씩, ⓑ는 110씩, ⓒ는 10씩 증가합니다. 아래로 갈수록
ⓓ는 1010 + 110 − 10 = 1110 씩 증가합니다.
따라서 9번째인 계산 결과가 9999가 됩니다.

② 첫 번째 식을 기준으로 계산 결과가 9999가 되는 계산 식을 찾습니다.
첫 번째 식의 1009, 119, 9에 각각
1010 × 8, 110 × 8, 10 × 8만큼 더하면 됩니다.
따라서 9089 + 999 − 89 = 9999입니다. (정답)

대표문제1 확인하기 2 ·· P. 13

[정답] 1111111 × 9999999 = 11111108888889

$$1 \times 9 = 9$$
$$11 \times 99 = \underline{10}89$$
$$111 \times 999 = \underline{110}889$$
$$1111 \times 9999 = \underline{11108}889$$
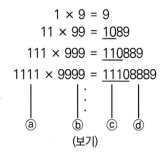
$$\overset{\text{ⓐ}}{}\quad\overset{\text{ⓑ}}{}\quad\overset{\text{ⓒ}}{}\;\overset{\text{ⓓ}}{}$$
(보기)

〈풀이 과정〉

① 곱셈 계산 결괏값을 같은 자릿수로 나눠서 ⓒ부분을 빨간색으로 밑줄을 치면
11 × 99 = <u>10</u>89, 111 × 999 = <u>110</u>889,
1111 × 9999 = <u>11108</u>889입니다. ⓐ에서 1씩 빼서 계산 결괏값의 ⓒ부분에 적습니다.
예를 들어 111 × 999에서 규칙에 따라 111에서 1을 뺀 값인 110은 계산 결괏값의 ⓒ부분의 수입니다.

② 계산 결괏값인 ⓒ부분과 ⓓ부분의 수를 더했을 때, ⓑ부분의 수가 나옵니다. 예를 들어 1111 × 9999의 계산 결괏값의 ⓒ부분의 수가 1110이므로 계산 결과의 ⓓ부분의 수는 9999 − 1110 = 8889입니다.

③ 이 규칙을 따라 1111111 × 9999999를 계산하면 계산 결괏값의
ⓒ부분의 수는 1111111 − 1 = 1111110이고 계산 결괏값의
ⓓ부분의 수는 9999999 − 1111110 = 8888889입니다.
따라서 1111111 × 9999999 = 11111108888889입니다.
(정답)

대표문제2 확인하기 1 ·· P. 15

[정답] 월요일

〈풀이 과정〉

① 12월은 31일까지 있는 달입니다. 12월에서 5주가 있는 날짜는 (1일, 8일, 15일, 22일, 29일), (2일, 9일, 16일, 23일, 30일), (3일, 10일, 17일, 24일, 31일)입니다.

② 수요일과 금요일이 각각 5번씩 있으므로 목요일도 5번이 됩니다. 목요일과 금요일도 각각 5번씩 있으므로 수요일은 (1일, 8일, 15일, 22일, 29일)입니다.

③ 따라서 12월 22일 수요일이므로 12월 20일은 월요일입니다.
(정답)

대표문제2 확인하기 2 ·· P. 15

[정답] 수요일

〈풀이 과정〉

① 어느 해 8월의 첫 번째 금요일의 날짜를 A라고 두고 금요일이 4번이면 A + 7, A + 14, A + 21 날짜가 있습니다. 이 날짜들을 모두 합하면
A + A + 7 + A + 14 + A + 21 = 85입니다.
4 × A + 42 = 85이므로 A = 10.75입니다. 10.75는 날짜가 될 수 없으므로 금요일은 5번입니다.

② 금요일이 5번이면 A + 7, A + 14, A + 21, A + 28까지 날짜가 있습니다. 이 날짜들을 모두 합하면
A + A + 7 + A + 14 + A + 21 + A + 28 = 85입니다.
5 × A + 70 = 85이므로 A = 3입니다.
따라서 첫 번째 금요일은 3일입니다.

③ 8월 3일, 10일, 17일, 24일, 31일은 금요일입니다. 8월 10일에서 5일만큼 이동하면 8월 15일은 수요일입니다.
(정답)

[정답] 일요일

〈풀이 과정〉

① 2024년과 2028년은 윤년으로 2월 29일이 있습니다. 윤년인 해는 1년이 366일이므로 7로 나눴을 때 나머지가 2이고 윤년이 아닌 해는 365일 이므로 7로 나눴을 때 나머지가 1입니다.

② 아래 (표)와 같이 2020년의 어린이날이 화요일이면 2021년 어린이날은 1일 뒤 요일인 수요일입니다. 다음 해가 윤년이면 2일 뒤 요일로 옮겨지고 윤년이 아니면 1일 뒤 요일로 옮겨집니다.

연도	2020	2021	2022	2023	2024	2025	2026	2027	2028	2029	2030
요일	화	수	목	금	일	월	화	수	금	토	일

1일 뒤 요일   2일 뒤 요일   2일 뒤 요일

(표)

따라서 2030년 어린이날은 일요일입니다. (정답)

[정답] 26일

월	화	수	목	금	토	일
			1	2	3	4
5	6	7	8	9	10	11
12	13	14	15	16	17	18
19	20	21	22	23	24	25
26	27	28	29	30		

(11월 달력)

〈풀이 과정〉

① 11월은 30일까지 있는 달입니다. 11월의 홀수가 3번 있는 날짜는 (1일, 15일, 29일)입니다.
따라서 첫 번째 목요일의 날짜는 1일입니다.

② 위 (11월 달력)과 같이 목요일의 날짜를 먼저 채워 달력을 완성합니다.
따라서 11월의 마지막 주 월요일은 26일입니다. (정답)

[정답] 2500

〈풀이 과정〉

① 〈보기〉에 주어진 식들은 덧셈식에서 중간 수를 두 번 곱한 값이 계산 결괏값이 되는 규칙을 갖고 있습니다.
예를 들어 1 + 2 + 1에서 중간 수가 2이므로 계산 결과는 2 × 2 = 4입니다.

② 따라서 주어진 식에서
1 + ··· + 49 + 50 + 49 + ··· +2 + 1에서 중간 수가 50이므로 계산 결과는 50 × 50 = 2500입니다. (정답)

[정답] 21 일

월	화	수	목	금	토	일
						1
2	3	4	5	6	7	8
9	10	11	12	13	14	15
16	17	18	19	20	21	22
23	24	25	26	27	28	29
30						

(9월 달력)

〈풀이 과정〉

① 한 주는 7일이므로 한 주의 날짜를 7로 나눴을 때 나머지는 모두 다릅니다. 통장에 저금한 날짜를 모두 7로 나눴을 때 나머지를 구합니다. 2일은 나머지가 2, 10일은 나머지가 3, 15일은 나머지가 1, 19일은 나머지가 5, 21일은 나머지가 0, 27일은 나머지가 6입니다.
따라서 저금한 날짜를 7로 나눴을 때 나머지가 모두 다릅니다.

② 나머지 중에 4가 없으므로 수요일의 날짜는 7로 나눴을 때 나머지가 4인 경우입니다. 그러므로 9월의 첫 번째 수요일을 4일입니다. 위 (9월 달력)의 빈칸을 채워 달력을 완성합니다. 달력에 노란색으로 색칠한 날짜는 저금한 날짜입니다.
따라서 저금한 날짜 중에 토요일은 21일입니다. (정답)

[정답] 321 × 9 + 7111 = 10000

ⓐ   ⓑ   ⓒ

987654321 × 9 + 1111111111 = 10000000000
87654321 × 9 + 211111111 = 1000000000
7654321 × 9 + 31111111 = 100000000

(보기)

〈풀이 과정〉

① 위 (보기)에서 아래로 갈수록 ⓐ는 맨 앞자리의 수가 사라지고, ⓑ는 맨 앞자리의 수는 증가하고 뒷자리의 1은 한 개씩 줄어듭니다. 아래로 갈수록 ⓒ는 0이 한 개씩 줄어듭니다.
따라서 이 규칙에 맨 위에서부터 7번째의 계산 결과는 10000입니다.

② 첫 번째 식을 기준으로 10000이 나오는 계산 식을 찾습니다. 첫 번째 식의 987654321에서 맨 앞자릿수 6개가 사라진 321이 됩니다. 1111111111에서 맨 앞 자릿수는 1 + 6 = 7이 되고 빨간색 밑줄 친 뒷 자리의 1은 6개가 사라진 111이 됩니다.
따라서 1000을 만드는 계산 식은 321 × 9 + 7111입니다. (정답)

연습문제 **06** ⋯⋯⋯⋯⋯⋯ P. 17

[정답] 42일

월	화	수	목	금	토	일
				1	2	3
4	5	6	7	8	9	10
11	12	13	14	15	16	17
18	19	20	21	22	23	24
25	26	27	28	29	30	

(4월 달력)

〈풀이 과정〉

① 어느 해 4월의 어떤 주에 월요일의 날짜를 A라고 두면 수요일은 A + 2입니다. 그 주에 일요일은 A + 6이 됩니다. 월요일과 수요일을 합한 날짜가 일요일이 되므로
A + A + 2 = A + 6입니다.
따라서 A = 4이므로 월요일은 4일입니다.

② 월요일이 4일이므로 월요일에 4를 넣어 위의 (4월 달력)에 빈칸을 채워 달력을 완성합니다. 그러면 둘째 주 화요일은 12일과 넷째 주 토요일은 30일입니다.
따라서 두 날짜를 합하면 42일입니다. (정답)

연습문제 **07** ⋯⋯⋯⋯⋯⋯ P. 18

[정답] 28일

			1	2	3	4
5	6	7	8	9	10	11
12	13	14	15	16	17	18
19	20	21	22	23	24	25
26	27	28	29			

(2월 달력)

〈풀이 과정〉

① 달력의 규칙에서 파란색 사각형과 같은 모양의 3개의 합은 가운데 날짜의 3을 곱한 값과 같습니다. 빨간색 사각형과 같은 모양의 9개의 합은 중앙의 날짜의 9를 곱한 값과 같습니다.

② 파란색 사각형의 가운데 날짜를 A라고 하면 3개의 합은 3 × A이고 빨간색 사각형의 중앙의 날짜를 B라고 두면 9개의 합은 9 × B입니다. 파란색 사각형 안의 3개의 합과 빨간색 사각형의 9개의 합이 같아야 하므로
3 × A = 9 × B입니다.
따라서 A = 3 × B로 A는 3의 배수가 되어야 합니다.

③ 2월은 29일까지 있으므로 A = 3 × B에서 B는 최대로 9까지 들어갈 수 있습니다. 위 (2월 달력)과 같이 파란색 사각형의 가운데 날짜는 27이 되고 빨간색 사각형의 중앙의 날짜는 9일이 될 수밖에 없습니다.
따라서 이 12개의 날짜 중에서 가장 큰 날짜는 28일이 됩니다. (정답)

연습문제 **08** ⋯⋯⋯⋯⋯⋯ P. 18

[정답] 3개월

〈풀이 과정〉

① 1월 1일이 월요일일 때, 매월 1일의 요일을 구합니다. 아래 (표 1)과 같이 구하면 1월, 4월, 7월의 1일의 요일이 월요일입니다. 만약 1월 1일이 화요일이라면 아래 (표 2)와 같이 (표 1)에서 구한 1일의 요일을 하루 뒤 요일로 옮겨서 적으면 됩니다. 아래 (표 2)에서는 9월과 12월의 1일이 월요일입니다.

② 1월 1일이 월요일일 때, 1월부터 12월까지 1일의 요일은
(월요일, 화요일, 수요일, 목요일, 금요일, 토요일, 일요일)
= (3, 1, 1, 2, 2, 1, 2)번 씩입니다.
1월 1일이 화요일일 때, 1월부터 12월까지 1일의 요일은
(월요일, 화요일, 수요일, 목요일, 금요일, 토요일, 일요일)
= (2, 3, 1, 1, 2, 2, 1)번 씩입니다.
따라서 아래 (표 3)과 같이 1월 1일의 요일이 하루씩 뒤로 가면 각 달의 1일인 요일의 달의 개수가 한 칸씩 뒤로 옮겨집니다.

③ 따라서 1월 1일이 월요일부터 일요일까지 바뀔 때마다 월요일이 1일인 달의 수는 최대 3개월입니다. 1월 1일이 월요일인 경우만 최대 3개월입니다. (정답)

달	1월	2월	3월	4월	5월	6월	7월	8월	9월	10월	11월	12월
일	31	29	31	30	31	30	31	31	30	31	30	31
7로 나눈 나머지	3	1	3	2	3	2	3	3	2	3	2	3
1일의 요일	월	목	금	월	수	토	월	목	일	화	금	일

3일 뒤 요일 　　 2일 뒤 요일
(표 1)

달	1월	2월	3월	4월	5월	6월	7월	8월	9월	10월	11월	12월
일	31	29	31	30	31	30	31	31	30	31	30	31
7로 나눈 나머지	3	1	3	2	3	2	3	3	2	3	2	3
1일의 요일	화	금	토	화	목	일	화	금	월	수	토	월

3일 뒤 요일 　　 2일 뒤 요일
(표 2)

요일	월	화	수	목	금	토	일
1월 1일 월요일일 때, 각 요일이 1일인 달의 개수	3	1	1	2	2	1	2
1월 1일 화요일일 때, 각 요일이 1일인 달의 개수	2	3	1	1	2	2	1

(표 3)

[정답] 풀이 과정 참조

$$11 \times 37 = \underline{4}07$$
$$22 \times 37 = \underline{8}14$$
$$33 \times 37 = \underline{12}21$$
$$44 \times 37 = \underline{16}28$$
$$\vdots$$
(보기)

〈풀이 과정〉

① 곱셈 계산 결과에서 세 자릿수인 경우는 맨 앞부분의 수를 빨간색 밑줄을 치면 $11 \times 37 = \underline{4}07$, $22 \times 37 = \underline{8}14$ 입니다. 곱셈 계산 결괏값에서 네 자릿수인 경우는 자릿수가 같도록 앞부분의 수를 빨간색 밑줄을 치면 $33 \times 37 = \underline{12}21$, $44 \times 37 = \underline{16}28$입니다.

② 빨간색 밑줄 친 수들을 나열하면 4, 8, 12, 16입니다. 이 수들은 $4 \times 1, 4 \times 2, 4 \times 3, 4 \times 4$와 같이 4씩 증가합니다. 밑줄 치지 않은 부분의 수들을 나열하면 07, 14, 21, 28입니다. 이 수들은 $7 \times 1, 7 \times 2, 7 \times 3, 7 \times 4$와 같이 7씩 증가합니다.
따라서 계산 식의 규칙은 첫 번째 식에서 아래로 갈수록 계산 결괏값의 앞부분의 수는 4씩 증가하고 뒷부분의 수는 7씩 증가하는 규칙입니다.

③ 99×37을 계산하면 11×37에서 9번째 식이므로 계산 결괏값의 앞부분의 수는 $4 \times 9 = 36$이고 계산 결괏값의 뒷부분의 수는 $7 \times 9 = 63$입니다.
따라서 $99 \times 37 = 3663$입니다. (정답)

[정답] 풀이 과정 참조

$$9 \times 9 = \underline{8}1$$
$$19 \times 19 = \underline{36}1$$
$$29 \times 29 = \underline{84}1$$
$$39 \times 39 = \underline{152}1$$
$$\vdots$$
(보기)

〈풀이 과정〉

① 계산 결괏값에서 1을 제외한 나머지 부분의 수에 빨간색 밑줄을 치면 $9 \times 9 = \underline{8}1$, $19 \times 19 = \underline{36}1$, $29 \times 29 = \underline{84}1$, $39 \times 39 = \underline{152}1$입니다.

② 빨간색 밑줄 친 수들을 나열하면 8, 36, 84, 152입니다. 이 수들의 규칙은 곱하는 수에서 1만큼 더한 값과 1만큼 뺀 값을 서로 곱한 후 이 값을 10으로 나누면 빨간색 밑줄 친 수들이 나옵니다. 예를 들어 9×9에서 곱하는 수 9를 1만큼 더한 값과 1만큼 빼면 값을 각각 곱하면 $(9 + 1) \times (9 - 1) = 80$입니다. 이 값을 10으로 나누면 $80 \div 10 = 8$이 되므로 $9 \times 9 = 81$입니다.
따라서 계산 식의 규칙은 서로 곱하는 수가 9로 끝나는 두 자릿수 N9이라면 계산 결괏값의 앞부분은 $\dfrac{(N9 + 1) \times (N9 - 1)}{10}$이 되고 맨 마지막 부분은 1이 되는 규칙입니다.

③ 규칙을 따라 99×99를 계산하면 계산 결괏값의 앞부분은 $\dfrac{(N9 + 1) \times (N9 - 1)}{10} = 980$이고 맨 마지막 부분은 1입니다.
따라서 $99 \times 99 = 9801$입니다. (정답)

[정답] 1680

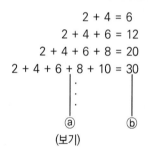

$$2 + 4 = 6$$
$$2 + 4 + 6 = 12$$
$$2 + 4 + 6 + 8 = 20$$
$$2 + 4 + 6 + 8 + 10 = 30$$
$$\vdots$$
ⓐ   ⓑ
(보기)

〈풀이 과정〉

① (보기)에 주어진 왼쪽 식 ⓐ에서 모두 2부터 연속하는 짝수를 2개, 3개, 4개씩 더한 식입니다. ⓑ의 계산 결과는 $2 \times 3 = 6, 3 \times 4 = 12, 4 \times 5 = 20, 5 \times 6 = 30$의 규칙이 있습니다.
따라서 왼쪽 식 ⓐ에서 (짝수의 개수) × (짝수의 개수 + 1)하면 ⓑ의 계산 결과가 나옵니다. 예를 들어 $2 + 4 + 6 + 8 + 10$에서 짝수의 개수는 5개이므로 계산 결과 $5 \times (5 + 1) = 30$입니다.

② 따라서 주어진 (식)에서
$60 + 62 + 64 + \cdots + 98 + 100$의 계산은 1)의 규칙으로 2부터 100까지 짝수의 합을 구한 다음에 2부터 58까지 짝수의 합을 빼면 됩니다.
$2 + 4 + \cdots + 98 + 100 = 50 \times 51 = 2550$입니다.
$2 + 4 + \cdots + 56 + 58 = 29 \times 30 = 870$입니다.
따라서 $60 + 62 + 64 + \cdots + 98 + 100$
$= 2550 - 870 = 1680$입니다. (정답)

심화문제 02 ······················· P. 21

[정답] 10월

〈풀이 과정〉

① 1월과 날짜와 요일이 같은 달은 1일이 화요일이고 31일까지 있어야 합니다.
  윤년이 아닌 해일 때, 31일까지 있는 달은 3월, 5월, 7월, 8월, 10월, 12월입니다. 이달 중에서 1일이 화요일인 달을 찾아야 합니다.

② 아래 (표)와 같이 각 달의 총일수를 7로 나눈 나머지를 구합니다. 1월과 같은 달이 되기 위해서는 1월부터 해당하는 달의 전 달까지의 7로 나눈 나머지의 합이 7의 배수이어야 합니다.
  예를 들어 3월은 1월부터 2월까지의 7로 나눈 나머지의 합이 3 + 0이므로 7의 배수가 아니므로 3월은 1월과 날짜와 요일이 같지 않습니다.

③ 5월, 7월, 8월, 10월, 12월을 위의 ②의 방법처럼 구합니다. 10월에서는 1월부터 9월까지 7로 나눈 나머지를 합하면 3 + 0 + 3 + 2 + 3 + 2 + 3 + 3 + 2 = 21이므로 7의 배수가 되어 1월과 날짜와 요일이 같아집니다. (정답)

달	1월	2월	3월	4월	5월	6월	7월	8월	9월	10월	11월	12월
일	31	28	31	30	31	30	31	31	30	31	30	31
7로 나눈 나머지	3	0	3	2	3	2	3	3	2	3	2	3
1일의 요일	화	금	금	월	수	토	월	목	일	화	금	일

(표)

심화문제 03 ······················· P. 22

[정답] 2048년

〈풀이 과정〉

① 2020년은 윤년이므로 366 ÷ 7 = 52 … 2입니다. 다음 해인 2021년은 2일만큼 뒤로 옮겨집니다. 윤년이 아닌 경우 365 ÷ 7 = 52 … 1이므로 다음 해인 2022년은 1일만큼 뒤로 옮겨집니다.

② 2020년과 날짜와 요일이 같아야 하므로 조건에 맞는 해는 윤년이어야 합니다. 아래 (표)와 같이 2020년 1월 1일이 수요일이라고 하면 2024년 1월 1일은 월요일이 됩니다. 1월 1일의 요일이 4년마다 2 + 1 + 1 + 1 = 5일씩 뒤로 옮겨갑니다. 5 × 7 = 35일씩 (윤년 7번) 뒤로 옮겨가면 2020년과 날짜와 요일이 같게 됩니다.

③ 따라서 2020년에서 4 × 7 = 28년 후인 2048년에 2020년과 날짜와 요일이 같은 해가 됩니다. (정답)

연도	2020	2021	2022	2023	2024
요일	수	금	토	일	월

2일 뒤 요일 / 1일 뒤 요일 / 1일 뒤 요일 / 1일 뒤 요일

(표)

심화문제 04 ······················· P. 23

[정답] $\dfrac{1}{23} + \dfrac{14}{15} = \dfrac{337}{345}$

$$\dfrac{1}{3} + \dfrac{4}{5} = \dfrac{17}{15} \qquad \dfrac{1}{5} + \dfrac{5}{6} = \dfrac{31}{30} \qquad \dfrac{1}{7} + \dfrac{6}{7} = 1$$

$$\underset{ⓐ}{\dfrac{1}{9}} + \underset{ⓑ}{\dfrac{7}{8}} = \underset{ⓒ}{\dfrac{71}{72}}$$

〈풀이 과정〉

① 위 식에서 아래로 갈수록 ⓐ의 분모는 2씩, ⓑ의 분모와 분자는 각각 1씩 증가합니다.
  첫 번째 식인 $\dfrac{1}{3} + \dfrac{4}{5} = \dfrac{17}{15}$에서 ⓒ의 분자는 (분모 + 2)이고 두 번째 식인 $\dfrac{1}{5} + \dfrac{5}{6} = \dfrac{31}{30}$에서 ⓒ의 분자는 (분모 + 1)입니다.
  세 번째와 네 번째 식에서 ⓒ의 분자는 각각 (분모 + 0)과 (분모 − 1)이 됩니다.
  따라서 점점 아래로 갈수록 ⓒ의 분자는 분모의 (+ 2, + 1, + 0, − 1, − 2, − 3, …)가 됩니다.

② 주어진 $\dfrac{337}{345}$에서 분자 = (분모 − 8)입니다. ⓒ의 분자는 분모의 (+ 2, + 1, + 0, − 1, − 2, − 3, …)의 규칙에서 − 8은 11번째이므로 첫 번째 식에서 부터 11번째 식을 찾으면 됩니다.
  첫 번째 식의 $\dfrac{1}{3}$에서 분모는 2씩 증가하므로 규칙은 (3, 5, 7, 9, 11, …)입니다.
  이 규칙에서 11번째 수는 23이므로 계산식의 ⓐ의 분모는 23입니다. 첫 번째 식의 $\dfrac{4}{5}$에서 분모와 분자는 각각 1씩 증가하므로 ⓑ의 분자의 규칙은 (4, 5, 6, 7, 8, 9, …)이고 ⓑ의 분모의 규칙은 (5, 6, 7, 8, 9, 10, …)입니다. 이 규칙에서 11번째 수는 각각 14와 15이므로 ⓑ의 분자와 분모는 각각 14, 15입니다.

③ 따라서 계산식은 $\dfrac{1}{23} + \dfrac{14}{15} = \dfrac{337}{345}$입니다. (정답)

[정답] 153

<풀이 과정>

① 아래 (그림 1)과 (그림 2)와 같이 달력 위에 놓는 방법은 두 가지입니다.
   (그림 1)에서 맨 처음의 날짜를 a라고 할 때, 5개의 수를 모두 합하면 5 × a + 19입니다.
   (그림 2)에서 맨 처음의 날짜를 a라고 할 때, 5개의 수를 모두 합하면 5 × a + 26입니다.

② (그림 1)의 경우 5개의 수의 합이 3의 배수가 될 때, 이 3의 배수 중 가장 작은 수와 가장 큰 수를 구합니다.
   i. a = 1일 때, 5 × 1 + 19 = 24로 가장 작은 3의 배수가 됩니다.
   ii. 8월은 31일까지 있으므로 마지막 날인 a + 9가 31일 때, a = 22이므로 5 × 22 + 19 = 129로 가장 큰 3의 배수가 됩니다.

③ (그림 2)의 경우 5개의 수의 합이 3의 배수가 될 때, 이 3의 배수 중 가장 작은 수를 구합니다.
   i. a = 1일 때, 5 × 1 + 26 = 31로 3의 배수가 안 됩니다.
   ii. a = 2일 때, 5 × 2 + 26 = 36으로 가장 작은 3의 배수가 됩니다.

④ (그림 2)의 경우 5개의 수의 합이 3의 배수가 될 때, 이 3의 배수 중 가장 큰 수를 구합니다.
   i. 8월은 31일까지 있으므로 마지막 날인 a + 9 이 31일 때, a = 22이므로 5 × 22 + 26 = 136으로 3의 배수가 안 됩니다.
   ii. a + 9 = 30일 때, a = 21로 5 × 21 + 26 = 131로 3의 배수가 안 됩니다.
   iii. a + 9 = 29일 때, a = 20으로
      5 × 20 + 26 = 126으로 가장 큰 3의 배수가 됩니다.

⑤ (그림 1)과 (그림 2)의 두 경우 중에 5개의 수의 합이 3의 배수인 경우 가장 작은 수와 가장 큰 수를 비교합니다.
   따라서 달력 위에 (그림 1)처럼 놓았을 때, 5개의 수의 합이 3의 배수인 경우 가장 작은 수와 가장 큰 수는 각각 24와 129입니다.
   따라서 두 수의 합은 24 + 129 = 153입니다. (정답)

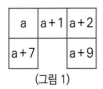

(그림 1)

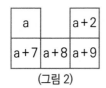

(그림 2)

[정답] 풀이 과정 참조

ⓐⓑ　ⓒⓓ

13 × 93 = <u>12</u>09
21 × 81 = <u>17</u>01
32 × 72 = <u>23</u>04
45 × 65 = <u>29</u>25

<풀이 과정>

① 곱셈 결과의 앞부분을 빨간색으로 밑줄을 치면
   13 × 93 = <u>12</u>09, 21 × 81 = <u>17</u>01, 32 × 72 = <u>23</u>04, 45 × 65 = <u>29</u>25입니다. 또한, 곱하는 두 자릿수의 끝수인 ⓑ와 ⓓ는 서로 같습니다. 곱하는 두 자릿수의 앞 자릿수인 ⓐ와 ⓒ를 서로 곱한 값에 끝수인 ⓑ 또는 ⓓ를 더하면 빨간색으로 밑줄 친 값이 나옵니다.
   예를 들어 13 × 93에서 규칙에 따라 계산 결괏값의 앞부분의 수를 구하면 1 × 9 + 3 = 12입니다.

② 계산 결괏값의 밑줄 치지 않은 부분의 수는 끝수인 ⓑ와 ⓓ를 서로 곱했을 때 나오는 수입니다.
   예를 들어 32 × 72에서 곱하는 두 자릿수의 끝수는 서로 2로 같습니다. 2 × 2 = 4로 한 자리이므로 십의 자리에 0을 넣습니다.
   따라서 32 × 72의 계산 결과의 끝부분에 04가 들어갑니다.

③ 따라서 곱셈식의 규칙은 곱하는 두 자릿수의 맨 앞 자릿수인 ⓐ와 ⓒ를 곱한 후 두 자릿수의 끝수인 ⓑ 또는 ⓓ를 더하면 계산 결괏값의 앞부분의 수가 나오고, 곱하는 두 자릿수의 끝수인 ⓑ와 ⓓ를 서로 곱하면 계산 결괏값의 뒷부분의 수가 나오는 규칙입니다.

④ 이 규칙을 따라 26 × 86을 계산하면 계산 결괏값의 앞부분의 수는 2 × 8 + 6 = 22이고 뒷부분의 수는 6 × 6 = 36입니다.
   따라서 26 × 86 = 2236입니다. (정답)

2. 도형과 연산의 규칙

[정답] 풀이 과정 참조

〈풀이 과정〉

① 가로줄 ⓐ에서 오른쪽으로 갈 때, 2개의 색칠된 부분이 따로 한 칸씩 이동합니다. 가로줄 ⓑ에서 가로줄 ⓐ의 규칙이 만족합니다.
따라서 가로줄 ⓒ에서도 가로줄 ⓐ과 같은 규칙을 만족해야 합니다.

② 위의 ①과 같은 규칙 이외에도 세로줄 ㉠에서 아래 방향으로 갈 때, 원 전체가 반시계 방향으로 90°씩 회전합니다. 세로줄 ㉡에서 세로줄 ㉠의 규칙이 만족합니다.
따라서 세로줄 ㉢에서도 세로줄 ㉠과 같은 규칙을 만족해야 합니다.

③ 위의 ①과 ②의 규칙에 따라 아래 (정답)과 같이 원 안을 색칠할 수 있습니다.

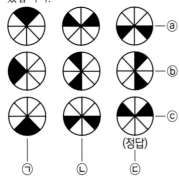

(정답)

[정답] 풀이 과정 참조

〈풀이 과정〉

① 아래 (그림)과 같이 첫 번째 가로줄에서
2⇒5, 4⇒7, 3⇒6, 1⇒8의 수로 변경되었습니다.
두 번째 가로줄에서 6⇒3, 8⇒1, 5⇒2, 7⇒4의 수로 변경되었습니다. 따라서 이 규칙은 (1, 8), (2, 5), (3, 6), (4, 7)로 서로 바뀌는 규칙입니다.

② 따라서 규칙에 따라 세 번째 줄의 1, 3, 4, 2는 8, 6, 7, 2로 바뀌고 네 번째 줄의 5, 7, 6, 8은 2, 4, 3, 1로 바뀝니다.
아래 (정답)과 같이 빈칸에 수들을 차례대로 적으면 됩니다.

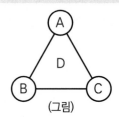

2	4	3	1
6	8	5	7
1	3	4	2
5	7	6	8
(그림)

5	7	6	8
3	1	2	4
8	6	7	5
2	4	3	1
(정답)

[정답] 2

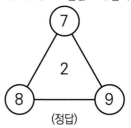

(그림)

〈풀이 과정〉

① 삼각형 꼭짓점에 적힌 수들을 사칙 연산을 해봅니다.
5와 2를 서로 곱하고 그 값을 7에서 빼면 삼각형 가운데 수가 나옵니다. 하지만 (보기)에서 두 번째 삼각형에 4 × 3 − 5 = 7이므로 삼각형 가운데 수가 나오지 않습니다.
따라서 이 규칙 이외에 다른 규칙을 찾습니다.

② 5와 2를 서로 곱하고 그 값을 7로 나누면 나머지가 3이 됩니다. (보기)에서 첫 번째 삼각형의 가운데 수를 만족합니다.
두 번째 삼각형에서 이 규칙대로 하면
(4 × 3) ÷ 5 = 2…2이므로 삼각형 가운데 수가 나옵니다.
따라서 (보기)의 두 삼각형을 만족하는 규칙은 위 (그림)의 삼각형에서 꼭짓점 A, B를 서로 곱하고 그 값을 꼭짓점 C로 나눴을 때, 나머지가 삼각형의 가운데 수 D입니다.

③ 위 규칙에 따라 아래 (정답)과 같이 삼각형에서
(8 × 7) ÷ 9 = 6…2이므로 물음표에 들어갈 수는 2입니다.

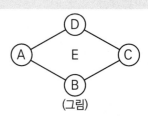

(정답)

[정답] 1056

(그림)

<풀이 과정>

① 주어진 (보기)의 사각형 가운데 수는 모두 네 자릿수입니다. 이 수들을 모두 두 자리씩 나눠서 생각합니다.

먼저 첫 번째 사각형의 가운데 수는 1121이므로 두 자리씩 나누면 11과 21입니다.

사각형의 꼭짓점에 적힌 수 9와 2를 더하면 11이 되고 3과 7을 곱하면 21이 됩니다.

② 첫 번째 사각형에서 찾은 규칙에 따라 두 번째 사각형과 세 번째 사각형에 각 꼭짓점의 수를 사칙 연산하면 사각형의 가운데 수가 나옵니다.

따라서 위 (그림)의 사각형에서 꼭짓점 A, B를 서로 더한 값과 꼭짓점 C, D를 서로 곱한 값을 구합니다.

사각형의 가운데 E는 더한 값을 앞부분에 놓고 곱한 값을 뒷부분에 놓을 때의 수입니다.

③ 따라서 위 규칙에 따라 아래 (정답)과 같이 사각형에서 6 + 4 = 10이고 8 × 7 = 56이므로 물음표에 들어갈 수는 1056입니다.

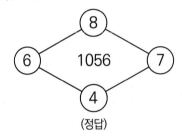

(정답)

연습문제 **01** ·········· P. 34

[정답] 풀이 과정 참조

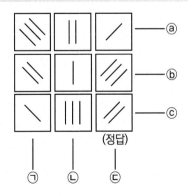

(정답)

<풀이 과정>

① 3개의 가로줄에서 각 사각형에 그어져 있는 선분의 개수를 구합니다. 가로줄 ⓐ에서는 (3, 2, 1)이고 가로줄 ⓑ에서는 (2, 1, 3)입니다. 가로줄 ⓒ에서는 (1, 3, ?)입니다.

가로줄 ⓐ에서 가로줄 ⓑ를 거쳐 가로줄 ⓒ로 이동할 때, 그어져 있는 선분의 개수는 (3, 2, 1) ⇒ (2, 1, 3) ⇒ (1, 3, ?)로 수가 앞으로 한 칸씩 넘어가고 맨 앞 수는 맨 뒤로 이동합니다.

따라서 ? 에 들어갈 선분의 개수는 2가 됩니다.

② 3개의 세로줄에서 각 사각형에 선분의 방향을 비교하면 세로줄 ㉠의 선분을 시계방향으로 45°만큼 회전시키면 세로줄 ㉡의 선분 모양이 됩니다.

이와 마찬가지로 세로줄 ㉡의 선분을 시계방향으로 45°만큼 회전시키면 세로줄 ㉢의 선분 모양이 됩니다.

3개의 세로줄인 ㉠, ㉡, ㉢은 각각 방향이 같으므로 마지막 사각형에 들어갈 선분은 위의 (정답)과 같이 선분의 개수가 2개이고 세로줄 ㉢의 선분과 방향이 같도록 그으면 됩니다.

연습문제 **02** ·········· P. 34

[정답] 16

<풀이 과정>

① 39와 5를 사칙 연산하여 28이 나오기 위해서는 39 ÷ 5 = 7 … 4가 되어 몫과 나머지를 곱한 값이 28이 됩니다. 이 규칙을 따라 18과 7을 서로 나누면 몫과 나머지가 각각 2, 4이므로 두 수를 곱한 8이 됩니다.

따라서 두 수 A, B를 누르면 컴퓨터에서 A ÷ B를 하여 나오는 몫과 나머지를 서로 곱한 값이 나옵니다.

② 32와 12를 누르면 컴퓨터에서 위 규칙에 따라 사칙 연산합니다.

따라서 32 ÷ 12 = 2 … 8이므로 두 수를 곱한 값인 16이 나옵니다. (정답)

연습문제 **03** ·········· P. 34

[정답] 4

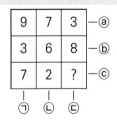

<풀이 과정>

① 가로줄 ⓐ에서 9 × 7 = 63으로 세 번째 칸에 63의 일의 자리가 들어가는 규칙입니다. 가로줄 ⓑ에서도 3 × 6 = 18이므로 세 번째 칸에 18의 일의 자리가 들어갑니다.

따라서 가로줄 ⓒ에서도 7 × 2 = 14로 물음표에는 4가 들어갑니다.

② 위에서 찾은 3개의 가로줄 ⓐ, ⓑ, ⓒ의 규칙은 3개의 세로줄 ㉠, ㉡, ㉢에서도 만족합니다. 세로줄 ㉠에서 9 × 3 = 27이므로 세 번째 칸에 27의 일의 자리가 들어갑니다. 세로줄 ㉡에서 7 × 6 = 42이므로 세 번째 칸에 42의 일의 자리가 들어갑니다. 세로줄 ㉢에서 3 × 8 = 24로 물음표에는 4가 들어갑니다.

③ 가로줄과 세로줄의 규칙이 서로 같습니다.
  따라서 물음표에 들어가는 수는 4입니다. (정답)

연습문제 04 ·········· P. 34

[정답] 26

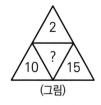
(그림)

〈풀이 과정〉

① 주어진 (보기)에서 첫 번째 삼각형에서 7과 1의 차와 1과 13의 차와 7과 13의 차를 각각 구하면 6, 12, 6입니다. 이 수들을 모두 합하면 24로 삼각형 가운데 수가 나옵니다. 두 번째 삼각형에서도 규칙이 만족하는지 구해 봅시다. 두 번째 삼각형에서 5와 3의 차, 5와 7의 차, 3과 7의 차를 각각 구하면 2, 2, 4입니다. 이 수들을 모두 합하면 8로 삼각형 가운데 수가 나옵니다. 세 번째 삼각형에서도 마찬가지로 이 규칙을 만족합니다.

② 위 (그림)에서 물음표를 구하기 위해서는 2와 10의 차, 2와 15의 차, 10과 15의 차를 각각 구합니다. 각 차가 8, 13, 5이므로 이 수들을 합하면 26입니다. 물음표에 들어갈 수는 26입니다. (정답)

연습문제 05 ·········· P. 35

[정답] 풀이 과정 참조

〈풀이 과정〉

① 아래 (그림)과 같이 주어진 사각형 안의 도형들을 연결하면 빨간색 삼각형 모양이 나옵니다. 빨간색 삼각형 모양을 보면 반시계 방향으로 90°씩 회전하는 모습을 볼 수 있습니다. 따라서 마지막 사각형에 도형들의 배치 모양은 네 번째 빨간색 삼각형을 반시계 방향으로 90° 회전한 모습입니다.

② 첫 번째 사각형에서 원 2개, 삼각형 1개입니다. 두 번째 사각형에서는 삼각형 2개, 사각형 1개이고 세 번째 사각형에서는 사각형 2개, 원 1개입니다. 네 번째 사각형에서는 원 2개, 삼각형 1개입니다.
  따라서 (원 ⇒ 삼각형 ⇒ 사각형 ⇒ 원)으로 바뀌는 규칙입니다.

③ 위의 규칙에 따라 마지막 빈칸의 사각형에는 삼각형 2개와 사각형 1개를 그려야 합니다.
  따라서 아래 (정답)과 같이 빨간색 삼각형 모양처럼 삼각형 2개와 사각형 1개를 배치하여 그립니다.

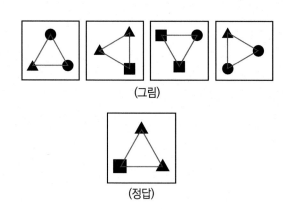
(그림)

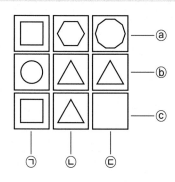
(정답)

연습문제 06 ·········· P. 35

[정답] 칠각형

〈풀이 과정〉

① 가로줄 ⓐ에서 사각형과 육각형의 각의 개수를 더 하면 10으로 세 번째 칸에 십각형이 들어가는 규칙입니다.
  가로줄 ⓑ에서도 원과 삼각형의 각의 개수를 더 하면 3이므로 세 번째 칸에 삼각형이 들어갑니다.
  따라서 가로줄 ⓒ에서도 사각형과 삼각형의 각의 개수를 더 하면 7로 빈칸에는 칠각형이 들어갑니다.

② 위에서 찾은 규칙과는 달리 3개의 세로줄 ㉠, ㉡, ㉢에서는 다른 규칙을 만족합니다.
  세로줄 ㉠에서 사각형과 원의 각의 개수의 차가 4이므로 세 번째 칸에 사각형이 들어갑니다.
  세로줄 ㉡에서 육각형과 삼각형의 각의 개수의 차가 3이므로 세 번째 칸에 삼각형이 들어갑니다.
  세로줄 ㉢에서 십각형과 삼각형의 각의 개수의 차는 7이므로 빈칸에는 칠각형이 들어갑니다.

③ 가로줄과 세로줄의 규칙은 서로 달라도 빈칸에 들어가는 도형은 칠각형으로 같습니다. (정답)

[정답] A = 26, B = 15, C = 14

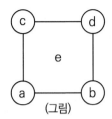

(그림)

〈풀이 과정〉

① 주어진 (보기)의 사각형 꼭짓점의 두 수를 서로 곱한 값과 서로 더한 값은 각각 사각형의 꼭짓점의 적힌 수입니다.
예를 들어 첫 번째 사각형에서 4와 7을 서로 곱한 값은 28 이고 서로 더한 값은 11로 사각형의 꼭짓점에 28과 11을 차례로 적습니다. 28 + 4 = 32이고 11 - 7 = 4이므로 32 ÷ 4 = 8을 가운데 수로 적습니다. 두 번째 사각형에 서 (40 + 5) ÷ (13 - 8) = 9가 가운데 수입니다.

② 따라서 위(그림)의 사각형에서 꼭짓점 a, b, c, d라고 했을 때, a × b = c이고 a + b = d입니다.
가운데 수인 e는 (c + a) ÷ (d - b)입니다.

③ 위 규칙에 따라 아래 (정답)과 같이 사각형에서 2 × 13 = 26이고 2 + 13 = 15이므로 A = 26이고 B = 15입니다.
사각형의 가운데 C에 들어가는 수는 (26 + 2) = (15 - 13) = 14입니다.

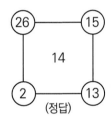

(정답)

[정답] 풀이 과정 참조

〈풀이 과정〉

① 첫 번째 사각형에서 두 번째 사각형으로 이동할 때, 사각 형의 파란색 부분은 시계방향으로 2칸씩 이동하고 노란 색 부분은 반시계 방향으로 1칸씩 이동합니다.
이와 마찬가지로 두 번째 사각형에서 세 번째 사각형으로 이동할 때, 파란색 부분은 시계방향으로 2칸씩, 노란 부 분은 반시계 방향으로 1칸씩 이동합니다.
따라서 세 번째 사각형에서 네 번째 사각형으로 이동할 때, 똑같은 규칙이 만족해야 합니다.

② 세 번째 사각형에서 빨간색 화살 표시와 같이 5는 3의 위 치로 이동하고 6은 8의 위치로 이동하고 7은 3의 위치로 이동하고 8은 9의 위치로 이동합니다.
파란색 부분에 적힌 수들을 시계방향으로 2칸씩 이동시 켜 마지막 빈칸에 적습니다.
노란색 부분은 반시계 방향으로 1칸씩 이동하므로 2는 6 의 위치로, 9는 2의 위치로, 6은 4의 위치로, 4는 9의 위치 로 1칸씩 이동시켜 마지막 빈칸에 적습니다.

③ 따라서 위의 규칙대로 아래 (정답)과 같이 빈칸에 수들을 적을 수 있습니다.

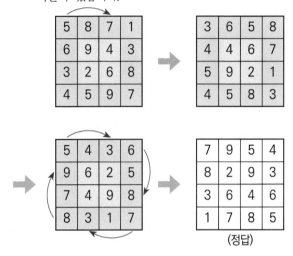

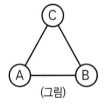

(정답)

[정답] 1

C

A   B

(그림)

〈풀이 과정〉

① 삼각형 꼭짓점에 적힌 수들을 사칙 연산을 해봅니다.
(5 + 2) - (5 - 2)하면 삼각형 한 꼭짓점 수인 4가 나 옵니다. 하지만 (보기)에서 두 번째 삼각형에 (4 + 14) - (14 - 4) = 8이므로 삼각형 한 꼭짓점 수 가 11이 나오지 않습니다.
따라서 이 규칙 이외에 다른 규칙을 찾습니다.

② (5 × 4) ÷ (5 + 4) = 2 ···2입니다. 삼각형 꼭짓점 수인 2가 나옵니다. 여기서 몫과 나머지가 서로 같으므로 둘 중 에 어떤 값이 삼각형의 한 꼭짓점 수인지 찾아야 합니다.
(보기)에서 두 번째 삼각형에서 이 규칙대로 하면 (4 × 11) ÷ (4 + 11) = 2 ··· 14이므로 삼각형 한 꼭짓 점의 수인 14가 나옵니다.
따라서 (보기)의 두 삼각형을 만족하는 규칙은 아래 (그림)의 삼각형에서 (A × B)를 (A + B)로 나눴을 때, 나머지 값이 꼭짓점 C의 수입니다.

2 정답 및 풀이

③ 위 규칙에 따라 아래 (정답)과 같이 삼각형에서
$(3 × 7) ÷ (3 + 7) = 2 \cdots 1$이므로 물음표에 들어갈 수는 1입니다.

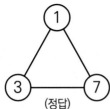

(정답)

연습문제 10 .... P. 37

[정답] A = 53, B = 6, C = 12

<풀이 과정>

① 아래 (그림)과 같이 정사각형 안에 왼쪽 아래의 적힌 수들은 3, 4, 5로 1씩 증가하고 오른쪽 아래의 적힌 수들은 6, 8, 10으로 2씩 증가합니다.
따라서 B는 5에서 1 증가하므로 6이고 C는 10에서 2 증가하므로 12입니다.

② 첫 번째 정사각형 안에서 3과 6을 곱한 값에서 10을 빼면 8이 되는 규칙을 찾을 수 있습니다.
이 규칙이 두 번째 정사각형 안에서 만족하는지 계산하면 $4 × 8 - 12 = 20$이 됩니다. 마찬가지로 세 번째 정사각형에서도 이 규칙을 만족합니다.

③ B와 C가 각각 6, 12이므로 두 수의 곱에서 19를 뺀 값이 A가 됩니다.
따라서 $A = 6 × 12 - 19 = 53$입니다.

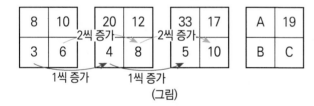

(그림)

심화문제 01 .... P. 38

[정답] 풀이 과정 참조

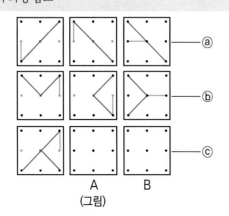

(그림)

<풀이 과정>

① 위 (그림)과 같이 가로줄 ⓐ에서 첫 번째 사각형에서 두 번째 사각형으로 이동할 때, 빨간색 선분은 빨간색 점을 중심으로 시계방향으로 90° 회전하고 파란색 선분은 파란색 점을 중심으로 180° 회전합니다.
두 번째 사각형에서 세 번째 사각형으로 이동할 때, 빨간색 선분은 빨간색 점을 중심으로 180° 회전하고 파란색 선분은 파란색 점을 중심으로 시계방향으로 90° 회전합니다.

② 가로줄 ⓑ에서 첫 번째 사각형에서 두 번째 사각형으로 이동할 때와 두 번째 사각형에서 세 번째 사각형으로 이동할 때, 가로줄 ⓐ에서 찾은 규칙에 맞게 회전됩니다.
따라서 마지막 가로줄 ⓒ에서도 첫 번째 사각형에서 두 번째 사각형으로 이동할 때와 두 번째 사각형에서 세 번째 사각형으로 이동할 때, 가로줄 ⓐ의 규칙에 맞게 회전해야 합니다.

③ 가로줄 ⓒ에서 첫 번째 사각형에서 빨간색 선분은 빨간색 점을 중심으로 시계방향으로 90° 회전하고 파란색 선분은 파란색 점을 중심으로 180° 회전합니다.
이처럼 회전하면 (정답 1)처럼 선분을 그을 수 있습니다.

④ 가로줄 ⓒ에서 두 번째 사각형인 (정답 1)에서 빨간색 선분은 빨간색 점을 중심으로 180° 회전하고 파란색 선분은 파란색 점을 중심으로 시계방향으로 90° 회전하면 (정답 2)처럼 선분을 그을 수 있습니다.

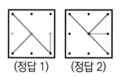

(정답 1)   (정답 2)

심화문제 02 .... P. 39

[정답] 풀이 과정 참조

<풀이 과정>

① 아래 (그림)과 같이 노란색 화살표의 규칙은 원 안의 색칠된 빨간색 부분은 반시계 방향으로 2칸씩 이동하고 빨간색 부분이 밖으로 한 칸씩 나가는 규칙이 있습니다.
또한, 색칠된 파란색 부분은 반시계 방향으로 3칸씩 이동하고 파란색 부분이 밖으로 한 칸씩 나가는 규칙이 있습니다.
원에서 더 이상 밖으로 못 나갈 때, 맨 안쪽에 색칠합니다.

② 초록색 화살표의 규칙은 원 안의 색칠된 빨간색 부분은 시계방향으로 2칸씩 이동하고 빨간색 부분이 안으로 한 칸씩 들어오는 규칙이 있습니다.
또한, 색칠된 파란색 부분은 시계방향으로 3칸씩 이동하고 파란색 부분이 안으로 한 칸씩 들어오는 규칙이 있습니다.
원에서 더 이상 안으로 못 들어갈 때, 맨 밖에 색칠합니다.

③ 이처럼 노란색 화살표와 초록색 화살표의 규칙이 서로 다릅니다. 아래 (정답 1)은 노란색 화살표의 규칙을 따라 마지막 원에 빨간색 부분과 파란색 부분을 각각 색칠한 모양입니다.

또한, 아래 (정답 2)는 초록색 화살표의 규칙을 따라 마지막 원에 빨간색 부분과 파란색 부분을 각각 색칠한 모양입니다.

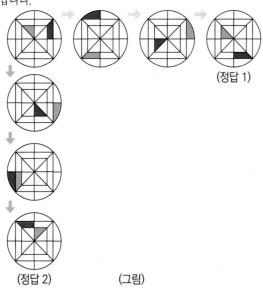

(정답 1)

(정답 2)　　　　　(그림)

심화문제　03　·········· P. 40

[정답] 문자식 : e = a × b − (10 × c + d), A = 11

<풀이 과정>

① 주어진 (보기)의 첫 번째 원에서 7과 5를 곱한 값에서 3과 4를 차례로 써 두 자릿수인 34를 뺀 값이 원의 중심 수 1이 됩니다. 이 규칙이 두 번째 원에서 만족하는지 구하면 6 × 4 − 21 = 3으로 원의 중심 수가 됩니다.
세 번째와 네 번째 원에서 이처럼 규칙에 따라 원의 중심 수를 각각 구할 수 있습니다.

② 아래 (그림)과 같이 이 규칙을 a, b, c, d, e로 문자식을 나타내면 원 중심 수 e = a × b − (10 × c + d)가 됩니다.
따라서 아래 (정답)에서 A를 구하면
A = 15 × 7 − (10 × 9 + 4) = 11입니다.

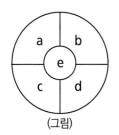
(그림)

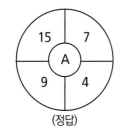
(정답)

심화문제　04　·········· P. 41

[정답] ㉠ = Q, ㉡ = B

A	B	C	D	E	F	G	H	I	J
1	2	3	4	5	6	7	8	9	10
K	L	M	N	O	P	Q	R	S	T
11	12	13	14	15	16	17	18	19	20
U	V	W	X	Y	Z				
21	22	23	24	25	26				

(표)

N	G	H	B	C	U	J
	㉠	K	G	F	I	C
		㉡	B	B	A	D

(보기)

14	7	8	2	3	21	10
	㉠	11	7	6	9	3
		㉡	2	2	1	4

(그림)

<풀이 과정>

① 위(표)와 같이 알파벳 A부터 Z까지 각각 1부터 26까지 수로 나열합니다.
아래 (그림)과 같이 (보기)에서 주어진 알파벳을 각각 수로 바꿔 적습니다.

② 맨 윗줄에 7과 8을 사칙연산하여 두 번째 줄에 11이 나오는 규칙을 찾습니다. 7 × 8 = 56이고 7 + 8 = 15이므로 두 수를 56 ÷ 15 = 3 … 11이므로 나머지가 두 번째 줄에 나오는 규칙입니다.
이 규칙이 맨 윗줄에 8과 2에서 만족하는지 구하면
8 × 2 = 16이고 8 + 2 = 10이므로 두 수를 16 ÷ 10 = 1 … 6이므로 두 번째 줄의 7이 아닌 6이 되어 이 규칙을 만족하지 않습니다.
따라서 다른 규칙을 찾아야 합니다.

③ 맨 윗줄에 7 × 8 = 56으로 두 곱셈 결과의 각 자릿수를 더한 값이 5 + 6 = 11이 됩니다.
이 규칙을 8과 2에서 만족하는지 구하면 8 × 2 = 16으로 각 자릿수를 더하면
1 + 6 = 7이 됩니다. 2 와 3, 3과 21, 21과 10에서도 각각 이 규칙이 만족합니다.
따라서 14와 7을 곱셈 계산하면 98로세로줄 ㉠에 들어가는 수는 9 + 8 = 17입니다.

④ 두 번째 줄에서 11과 7을 사칙연산하여 세 번째 줄에 2
가 나오는 규칙을 찾습니다.

11 + 7 = 18로 7로 나누면

18 ÷ 7 = 2 … 4으로 몫이 세 번째 줄에 나오는 규칙입니
다. 두 번째 줄에서 7과 6이 규칙을 만족하는지 구하면

7 + 6 = 13으로 13 ÷ 6 = 2 … 1로 세 번째 줄에 2가
나옵니다.

6과 9, 9와 3을 이 규칙에 따라 계산하면 각각 1, 4가 세
번째 줄에 나옵니다.

따라서 세로줄 ㉠ = 17과 11을 ④의 규칙에 맞게 계산
하면 17 + 11 = 28로 28 ÷ 11 = 2 … 6으로
세로줄 ㉡ = 2가 됩니다.

⑤ 따라서 ㉠ = 17이고 ㉡ = 2이므로 ㉠ = Q, ㉡ = B입
니다. (정답)

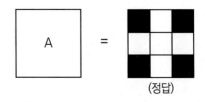

(정답)

창의적문제해결수학   **01**   …………………… P. 42

[정답] 풀이 과정 참조

〈풀이 과정〉

① 아래 (그림)과 같이 3개의 대각선 ㉠, ㉡, ㉢으로 규칙을
찾습니다.

대각선 ㉠에서 첫 번째 줄 모양과 두 번째 줄 모양을 합쳤
을 때, 서로 겹치는 부분은 사라져 세 번째 줄 모양이 되는
규칙입니다.

② 위 규칙에 따라 대각선 ㉡에서 첫 번째 줄 모양과 두 번째
줄 모양을 합쳤을 때, 서로 겹치는 부분은 없으므로 합친
모양이 그대로 세 번째 줄 모양에 나옵니다.

마지막 대각선 ㉢에서도 같은 규칙을 따르면 첫 번째 줄
모양과 두 번째 줄 모양을 합쳤을 때, 서로 겹치는 모양이
두 번째 줄 모양과 같습니다.

첫 번째 줄 모양에서 두 번째 줄 모양의 부분만 없애면 아
래 (정답)과 같이 각 칸을 색칠한 A의 모양이 나옵니다.

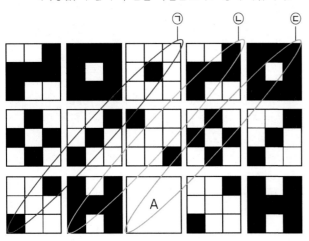

창의적문제해결수학   **02**   …………………… P. 43

[정답] 풀이 과정 참조

〈풀이 과정〉

① 상상이의 규칙은 (그림 1)에서 전체 조각을 좌우로 뒤집
어 놓고 각 조각을 색깔 반전했습니다.

제이의 규칙은 (그림 1)의 테두리 부분에서 각 조각은 시
계방향으로 3칸씩 움직이고 가운데 조각은 180°만큼 회
전했습니다. 서로 다른 두 개의 규칙에 따라 무우가
(그림 4)를 제이 규칙에 따라 배치한 후 상상이의 규칙에
따라 배치할 때, 마지막 배치 모습을 그립니다.

② (그림 4)에서 제이의 규칙에 맞게 조각을 움직이면 아래
(그림 5)와 같이 조각들이 배치됩니다.

따라서 (그림 5)에서 상상이의 규칙에 맞게 조각을 움직
이면 아래 (정답)과 같이 무우가 마지막에 배치된 조각들
의 모습입니다.

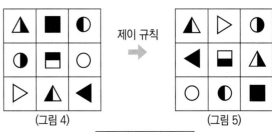

(그림 4)   제이 규칙   (그림 5)

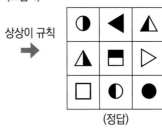

상상이 규칙

(정답)

3. 규칙 찾아 개수 세기

대표문제1 확인하기 1 ·········· P. 49

[정답] 351개

〈풀이 과정〉

① 한 직선 위에 N개의 점이 있을 때, 선분의 개수는
$1 + 2 + 3 + \cdots + (N - 2) + (N - 1)$개입니다.
한 직선 위에 27개의 점이 있으므로 선분의 개수는
$1 + 2 + 3 + \cdots + 25 + 26$개입니다.

② 1부터 26까지 연속하는 자연수들의 합을 구해야 합니다.
연속수의 개수가 26개로 짝수이므로
(연속수의 합) = (중간 두 수의 합) × (연속수의 개수)
÷ 2입니다.
따라서 (연속수의 합) = $(13 + 14) \times 26 \div 2 = 351$입니다.

③ 한 직선 위에 27개의 점에서 찾을 수 있는 선분의 개수는
총 351개입니다. (정답)

대표문제1 확인하기 2 ·········· P. 49

[정답] 1275개

〈풀이 과정〉

① 아래 (표)와 같이 각 단계의 가장 작은 각의 개수를 구합니다. 단계가 한 개씩 증가할 때마다 가장 작은 각의 개수도 똑같이 한 개씩 늘어나는 규칙입니다.
따라서 50번째 모양은 가장 작은 각의 개수는 50개입니다.

	1번째	2번째	3번째	4번째
가장 작은 각의 개수	1개	2개	3개	4개
180°보다 작고, 크고 작은 각의 개수	1	1+2	1+2+3	1+2+3+4

(표)

② 가장 작은 각의 개수가 N개일 경우, 180°보다 작고, 크고 작은 각의 개수는
$1 + 2 + 3 + \cdots + (N - 2) + (N - 1) + N$입니다.
따라서 50번째에서 가장 작은 각의 개수가 50개이므로
180°보다 작고, 크고 작은 각은 모두
$1 + 2 + 3 + \cdots + 49 + 50$개입니다.

③ 1부터 50까지 연속하는 자연수들의 합을 구해야 합니다.
연속수의 개수가 50개로 짝수이므로 (연속수의 합)
= (중간 두 수의 합) × (연속수의 개수) ÷ 2입니다.
따라서 (연속수의 합) = $(25 + 26) \times 50 \div 2 = 1275$
입니다.

④ 50번째 모양에서 찾을 수 있는 180°보다 작고, 크고 작은 각은 모두 1275개입니다. (정답)

대표문제2 확인하기 ·········· P. 51

[정답] 91개, 441개

〈풀이 과정〉

① (N × N)의 정사각형 격자에서 찾을 수 있는 크고 작은 정사각형의 개수는
$(1 \times 1) + (2 \times 2) + (3 \times 3) + \cdots + (N - 2)$
$\times (N - 2) + (N - 1) \times (N - 1) + N \times N$입니다.
또한, (N × N)의 정사각형 격자에서 찾을 수 있는 크고 작은 직사각형의 개수는
$(1 + 2 + 3 + \cdots + N) \times (1 + 2 + 3 + \cdots + N)$입니다.

② 주어진 도형은 6 × 6 정사각형입니다. 이 도형에서 찾을 수 있는 크고 작은 정사각형의 개수는
$1 \times 1 + 2 \times 2 + 3 \times 3 + 4 \times 4 + 5 \times 5 + 6 \times 6$
$= 1 + 4 + 9 + 16 + 25 + 36 = 91$개입니다.
이 도형에서 찾을 수 있는 크고 작은 직사각형의 개수는
$(1 + 2 + 3 + 4 + 5 + 6) \times (1 + 2 + 3 + 4 + 5 + 6) = 21 \times 21 = 441$개입니다.

③ 따라서 이 도형에서 찾을 수 있는 크고 작은 정사각형의 개수는 91개, 크고 작은 직사각형의 개수는 441개입니다. (정답)

연습문제 01 ·········· P. 52

[정답] 253개

〈풀이 과정〉

① 아래 (표)와 같이 각 단계의 한 직선 위에 찍힌 점의 개수를 구합니다.
3번째의 점의 개수는 앞의 1번째와 2번째의 점의 개수의 합한 값입니다.
4번째에서도 점의 개수가 2번째와 3번째의 점의 개수의 합한 값입니다.
하지만 5번째에서는 3번째와 4번째의 점의 개수를 합한 13개가 아닙니다.
따라서 다른 규칙을 찾아야 합니다.

	1번째	2번째	3번째	4번째	5번째
점의 개수	2개	3개	5개	8개	12개

1개 증가 2개 증가 3개 증가 4개 증가

(표)

② 1번째와 2번째의 점의 개수의 차는 1이고 2번째와 3번째의 점의 개수의 차는 2입니다. 3번째와 4번째의 점의 개수의 차는 3입니다.
따라서 각 단계가 늘어날수록 점의 개수의 차는 1, 2, 3, 4, …씩 늘어납니다.

③ 4번째와 5번째의 점의 개수의 차는 4이므로 5번째와 6번째의 점의 개수의 차는 5이고 6번째와 7번째의 점의 개수의 차는 6이 됩니다.

따라서 5번째의 점의 개수가 12개이므로 6번째의 점의 개수는 17개이고 7번째의 점의 개수는 17 + 6 = 23개가 됩니다.

④ 7번째 직선 위에 있는 점의 개수는 23개이므로 이 직선에서 두 점을 잇는 서로 다른 선분의 개수는

$1 + 2 + 3 + \cdots + 22 = (11 + 12) \times 22 \div 2 = 253$개입니다. (정답)

연습문제   02   ·· P. 52

[정답] 90개

〈풀이 과정〉

① 1번째부터 4번째까지 각 도형에서 찾을 수 있는 ⊞크기의 정사각형의 개수를 찾습니다.

1번째에서 ⊞크기의 정사각형은 찾을 수 없습니다.

2번째에서 찾을 수 있는 ⊞크기의 정사각형의 개수는
$1 + 1 = 1 \times 2 = 2$개입니다.

3번째에서 찾을 수 있는 ⊞크기의 정사각형의 개수는
$1 + 2 + 2 + 1 = 2 \times 3 = 6$개입니다.

4번째에서 찾을 수 있는 ⊞크기의 정사각형의 개수는
$1 + 2 + 3 + 3 + 2 + 1 = 3 \times 4 = 12$개입니다.

② 2번째부터 4번째까지 찾을 수 있는 ⊞크기의 정사각형의 개수를 구하는 방법은 2가지가 있습니다.

i. 덧셈 방법 : N 번째에서 찾을 수 있는 ⊞크기의 정사각형의 개수는
$1 + 2 + 3 + \cdots + (N - 1) + (N - 1) + \cdots$
$+ 3 + 2 + 1$
$= \{1 + 2 + 3 + \cdots + (N - 1)\} \times 2$개가 됩니다.

ii. 곱셈 방법 : N 번째에서 찾을 수 있는 ⊞크기의 정사각형의 개수는 $(N - 1) \times N$개입니다.

③ 따라서 10번째 그림에서 ⊞크기의 정사각형의 개수는
$(1 + 2 + 3 + \cdots + 8 + 9) \times 2 = 9 \times 10 = 90$개입니다. (정답)

연습문제   03   ·· P. 52

[정답] 20개

〈풀이 과정〉

① 아래 (표)와 같이 각 단계에서 찾을 수 있는 직사각형의 개수를 구합니다. (정사각형은 직사각형에 포함됩니다.)

1번째에서 2번째로 갈 때, 직사각형의 개수는 3개가 증가하고 2번째에서 3번째로 갈 때, 1개가 증가합니다. 이와 마찬가지로 3번째에서 4번째로 갈 때, 3개가 증가합니다. 따라서 짝수 번째로 갈 때, 3씩 증가하고 홀수 번째로 갈 때, 1씩 증가합니다.

	1번째	2번째	3번째	4번째
크고 작은 직사각형의 개수	1개	4개	5개	8개

(표)   3개 증가 1개 증가 3개 증가

② 10번째 그림에서 찾을 수 있는 크고 작은 직사각형의 개수는 $1 + 3 + 1 + 3 + 1 + 3 + 1 + 3 + 1 + 3$
$= 1 \times 5 + 3 \times 5 = 20$개입니다. (정답)

연습문제   04   ·· P. 53

[정답] 420개

〈풀이 과정〉

① 한 직선 위에 N개의 점이 있을 때, 선분의 개수는
$1 + 2 + 3 + \cdots + (N - 2) + (N - 1)$개입니다.

② 각 도형에서 두 점을 잇는 선분의 개수를 각각 구합니다.

1번째 도형에서 두 점을 잇는 선분의 개수는 5개입니다.

2번째 도형에서 두 점을 잇는 선분의 개수는
$(1 + 2) \times 5 + 5 = 20$개입니다.

3번째 도형에서 두 점을 잇는 선분의 개수는
$(1 + 2 + 3) \times 5 + (1 + 2) \times 5 + 5 = 50$개입니다.

4번째 도형에서 두 점을 잇는 선분의 개수는
$(1 + 2 + 3 + 4) \times 5 + (1 + 2 + 3) \times 5 + (1 + 2) \times 5 + 5 = 100$개입니다.

③ N 번째 도형에서 두 점을 잇는 선분의 개수는
$(1 + 2 + \cdots + N) \times 5 + (1 + 2 + \cdots + N - 1) \times 5 + \cdots + (1 + 2 + 3) \times 5 + (1 + 2) \times 5 + 5$개입니다. 이 규칙에 따라 7번째 도형에서 두 점을 잇는 선분의 개수는 아래와 같이 계산하면

$(1 + 2 + \cdots + 6 + 7) \times 5$
$+ (1 + \cdots + 6) \times 5$
$+ (1 + \cdots + 5) \times 5$
$+ (1 + 2 + 3 + 4) \times 5$
$+ (1 + 2 + 3) \times 5$
$+ (1 + 2) \times 5$
$+ 5$
$\overline{}$
$= 28 \times 5 + 21 \times 5 + 15 \times 5 + 10 \times 5 + 6 \times 5$
$+ 3 \times 5 + 5 = 420$개입니다.

④ 따라서 7번째 도형에서 모든 정오각형의 각 변에서 두 점을 잇는 선분의 개수는 총 420개입니다.(정답)

연습문제 **05** .... P. 53

[정답] 28개

〈풀이 과정〉

① 1번째부터 4번째까지 각 도형에서 찾을 수 있는 크고 작은 빨간색 정사각형과 파란색 직사각형의 개수를 각각 찾습니다.

i. 1번째 도형에서 찾을 수 있는 크고 작은 빨간색 정사각형의 개수는 5개이고, 크고 작은 파란색 직사각형의 개수는 4개입니다.

ii. 2번째 도형에서 찾을 수 있는 크고 작은 빨간색 정사각형의 개수는 $4 + (1 \times 1) + (2 \times 2) = 9$개이고, 크고 작은 파란색 직사각형의 개수는 $(1 + 2) \times 4 = 12$개입니다.

iii. 3번째 도형에서 찾을 수 있는 크고 작은 빨간색 정사각형의 개수는 $4 + (1 \times 1) + (2 \times 2) + (3 \times 3) = 18$개이고, 크고 작은 파란색 직사각형의 개수는 $(1 + 2 + 3) \times 4 = 24$개입니다.

iv. 4번째 도형에서 찾을 수 있는 크고 작은 빨간색 정사각형의 개수는 $4 + (1 \times 1) + (2 \times 2) + (3 \times 3) + (4 \times 4) = 34$개이고, 크고 작은 파란색 직사각형의 개수는 $(1 + 2 + 3 + 4) \times 4 = 40$개입니다.

② 1번째부터 4번째까지 찾을 수 있는 크고 작은 빨간색 정사각형과 크고 작은 파란색 직사각형의 개수를 구하는 방법은 서로 다른 규칙입니다.

N 번째 도형에서 찾을 수 있는 크고 작은 빨간색 정사각형의 개수는
$4 + (1 \times 1) + (2 \times 2) + \cdots + (N \times N)$ 개입니다.
N 번째 도형에서 찾을 수 있는 크고 작은 파란색 직사각형의 개수는 $(1 + 2 + 3 + \cdots + N) \times 4$개입니다.

③ 8번째 도형에서 찾을 수 있는 크고 작은 빨간색 정사각형의 개수는
$4 + (1 \times 1) + (2 \times 2) + \cdots + (7 \times 7) + (8 \times 8) = 4 + 204 = 208$개입니다.
9번째 도형에서 찾을 수 있는 크고 작은 파란색 직사각형의 개수는
$(1 + 2 + \cdots + 8 + 9) \times 4 = 45 \times 4 = 180$개입니다.
따라서 크고 작은 빨간색 정사각형과 파란색 직사각형의 개수의 차는 $208 - 180 = 28$개입니다. (정답)

연습문제 **06** .... P. 53

[정답] 231개

〈풀이 과정〉

① 각 단계에서 가장 작은 각의 개수로 찾을 수 있는 크고 작은 예각의 개수를 구합니다.

i. 1번째 그림은 가장 작은 각의 개수가 3개이므로 찾을 수 있는 크고 작은 각의 개수는 $3 + 2 + 1 = 6$개입니다. 하지만 1번째 그림에서 찾을 수 있는 크고 작은 예각의 개수는 직각과 둔각을 제외해야 하므로
$6 - 3 = 3$개입니다.

ii. 2번째 그림은 가장 작은 각의 개수가 4개이므로 찾을 수 있는 크고 작은 각의 개수는
$4 + 3 + 2 + 1 = 10$개입니다.
하지만 2번째 그림에서 찾을 수 있는 크고 작은 예각의 개수는 직각과 둔각을 제외해야 하므로
$10 - 4 = 6$개입니다.

iii. 3번째 그림은 가장 작은 각의 개수가 5개이므로 찾을 수 있는 크고 작은 각의 개수는 $5 + 4 + 3 + 2 + 1 = 15$개입니다. 하지만 3번째 그림에서 찾을 수 있는 크고 작은 예각의 개수는 직각과 둔각을 제외해야 하므로
$15 - 5 = 10$개입니다.

② N 번째 그림에서 찾을 수 있는 크고 작은 예각의 개수는
$(N + 2) + (N + 1) + N + \cdots + 3 + 2 + 1 - (N + 2) = (N + 1) + N + \cdots + 3 + 2 + 1$개입니다.
따라서 20번째 그림에서 찾을 수 있는 크고 작은 예각의 개수는 $21 + 20 + \cdots + 3 + 2 + 1 = 11 \times 21 = 231$개입니다. (정답)

연습문제 **07** .... P. 54

[정답] 53개

〈풀이 과정 1〉

① 아래 (표)와 같이 각 단계에서 찾을 수 있는 크고 작은 마름모의 개수를 구합니다. 한 단계씩 증가할 때, 마름모의 개수는 2개씩 증가합니다. 정사각형은 마름모입니다.
N 번째 도형에서 찾을 수 있는 마름모의 개수는 $(2 \times N - 1)$ 개입니다.

	1번째	2번째	3번째	4번째
크고 작은 마름모의 개수	1개	3개	5개	7개

2개 증가   2개 증가   2개 증가

(표)

② 따라서 27번째 도형에서 찾을 수 있는 크고 작은 마름모의 개수는 $2 \times 27 - 1 = 53$개입니다. (정답)

<풀이 과정 2>

① 1번째부터 4번째까지 각 도형에서 찾을 수 있는 크고 작은 마름모의 개수를 찾습니다.

1번째에서 크고 작은 마름모의 개수는 1 개입니다.

2번째에서 찾을 수 있는 크고 작은 마름모의 개수는 1 + 2 = 3개입니다.

3번째에서 찾을 수 있는 크고 작은 마름모의 개수는 2 + 3 = 5개입니다.

4번째에서 찾을 수 있는 크고 작은 마름모의 개수는 3 + 4 = 7개입니다.

② 1번째부터 4번째까지 찾을 수 있는 마름모의 개수를 덧셈으로 나타냈을 때, N 번째에서 찾을 수 있는 크고 작은 마름모의 개수는 (N - 1) + N개가 됩니다.

따라서 27번째 도형에서 찾을 수 있는 크고 작은 마름모의 개수는 26 + 27 = 53개입니다. (정답)

연습문제 **08** ···················· P. 54

[정답] 80개

<풀이 과정 1>

① 아래 (표)와 같이 각 단계에서 찾을 수 있는 크고 작은 삼각형의 개수를 구합니다.

한 단계씩 증가할 때, 삼각형의 개수는 4개씩 증가합니다. N 번째 도형에서 찾을 수 있는 삼각형의 개수는 4 × (N - 1) + 4개입니다.

	1번째	2번째	3번째	4번째
크고 작은 삼각형의 개수	4개	8개	12개	16개

4개 증가 4개 증가 4개 증가

(표)

② 따라서 20번째 도형에서 찾을 수 있는 크고 작은 삼각형의 개수는 4 × 19 + 4 = 80개입니다. (정답)

<풀이 과정 2>

① 1번째부터 4번째까지 각 도형에서 찾을 수 있는 크고 작은 삼각형의 개수를 찾습니다.

1번째에서 찾을 수 있는 크고 작은 삼각형의 개수는 1 × 4 = 4 개입니다.

2번째에서 찾을 수 있는 크고 작은 삼각형의 개수는 2 × 4 = 8개입니다.

3번째에서 찾을 수 있는 크고 작은 삼각형의 개수는 3 × 4 = 12개입니다.

4번째에서 찾을 수 있는 크고 작은 삼각형의 개수는 4 × 4 = 16개입니다.

② 1번째부터 4번째까지 찾을 수 있는 삼각형의 개수를 곱셈으로 나타냈을 때, N 번째에서 찾을 수 있는 크고 작은 삼각형의 개수는 (N × 4) 개가 됩니다.

따라서 20번째 도형에서 찾을 수 있는 크고 작은 삼각형의 개수는 20 × 4 = 80개입니다. (정답)

연습문제 **09** ···················· P. 55

[정답] 98개

<풀이 과정>

① 아래 (표 1)과 같이 1번째 도형에서 4번째 도형까지 △와 ▽ 크기의 개수를 덧셈으로 각각 나타냅니다.

N 번째 도형에서 찾을 수 있는 △와 ▽ 크기의 개수는 각각 1 + 2 + ⋯ + (N - 1) + N + (N - 1) + ⋯ + 2 + 1개입니다.

(표 1)

	1번째	2번째	3번째	4번째
△	1	1+2+1	1+2+3+2+1	1+2+3+4+3+2+1
▽	1	1+2+1	1+2+3+2+1	1+2+3+4+3+2+1

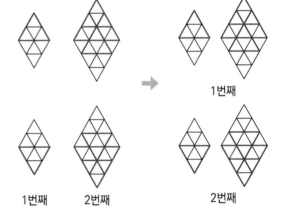

1번째

1번째 2번째 2번째

② 7번째 도형에서 찾을 수 있는 △와 ▽ 크기의 개수는 각각 1 + 2 + 3 + 4 + 5 + 6 + 7 + 6 + 5 + 4 + 3 + 2 + 1 = 1 × 2 + 2 × 2 + 3 × 2 + 4 × 2 + 5 × 2 + 6 × 2 + 7 = 49개입니다.

△와 ▽ 크기의 개수 각각 49개이므로 7번째 도형에서 찾을 수 있는 △ 크기의 삼각형은 총 49 × 2 = 98개입니다. (정답)

연습문제 **10** .... P. 55

[정답] 133개

〈풀이 과정〉

① 한 직선 위에 N개의 점이 있을 때, 선분의 개수는
  $1 + 2 + 3 + \cdots + (N - 2) + (N - 1)$ 개입니다.
  각 도형에서 두 점을 잇는 선분의 개수를 각각 구합니다.

  ⅰ. 1번째 도형에서 두 점을 잇는 선분의 개수는
    $1 \times 2 + 2 = 4$개입니다.

  ⅱ. 2번째 도형에서 두 점을 잇는 선분의 개수는
    $(1 + 2) \times 2 + 4 = 10$개입니다.

  ⅲ. 3번째 도형에서 두 점을 잇는 선분의 개수는
    $(1 + 2 + 3) \times 2 + 6 = 18$개입니다.

  ⅳ. 4번째 도형에서 두 점을 잇는 선분의 개수는
    $(1 + 2 + 3 + 4) \times 2 + 8 = 28$개입니다.

② N 번째 도형에서 두 점을 잇는 선분의 개수는
  $(1 + 2 + \cdots + N) \times 2 + 2 \times N$개입니다.
  이 규칙에 따라 14번째 도형에서 두 점을 잇는 선분의 개수는 아래와 같이 계산하면
  $(1 + 2 + \cdots + 13 + 14) \times 2 + 2 \times 14$
  $= (7 + 8) \times 14 \div 2 + 28 = 133$개입니다.

③ 따라서 14번째 도형에서 각 변 위에서 두 점을 잇는 선분의 개수는 총 133개입니다. (정답)

심화문제 **01** .... P. 56

[정답] 190개

〈풀이 과정〉

① 아래 (표 1)과 같이 크기가 서로 다른 ◿ 모양의 개수를 덧셈으로 나타냅니다.
  N 번째 도형에서 찾을 수 있는 가장 작은 직각삼각형의 개수는 1부터 N까지 수의 합이고 직각삼각형의 크기가 한 단계 커지면 각 직각삼각형의 개수는 1부터 $(N - 1)$ 까지 수의 합이 됩니다.
  또한, N 번째 도형에서 찾을 수 있는 ◿ 모양의 가짓수는 N개입니다. 8번째 도형에서 찾을 수 있는 ◿ 모양의 크기가 서로 다른 직각사각형은 총 8가지가 있습니다.
  따라서 8번째 도형에서 ◿ 모양의 직각삼각형의 개수는
  $1 + (1 + 2) + (1 + 2 + 3) + (1 + 2 + 3 + 4)$
  $+ \cdots + (1 + 2 + \cdots + 8) = 1 + 3 + 6 + 10 + 15$
  $+ 21 + 28 + 36 = 120$개입니다.

	1번째	2번째	3번째	4번째	5번째
◹	1	1+2	1+2+3	1+2+3+4	1+2+3+4+5
◿	0	1	1+2	1+2+3	1+2+3+4
◿	0	0	1	1+2	1+2+3

(표 1)

② 아래 (표 2)와 같이 크기가 서로 다른 ◺ 모양의 개수를 덧셈으로 나타냅니다. N 번째 도형에서 찾을 수 있는 가장 작은 직각삼각형의 개수는 1부터 N까지 수의 합입니다.
  또한, 각 크기의 홀수 번째의 덧셈식에는 마지막에 홀수를 더하고 각 크기의 짝수 번째의 덧셈식에는 마지막에 짝수를 더합니다.
  따라서 이 규칙을 따라 8번째 도형에서 ◺ 모양의 직각삼각형의 개수는
  $(1 + 2) + (1 + 2 + 3 + 4) + (1 + 2 + \cdots + 6)$
  $+ (1 + 2 + \cdots + 8) = 3 + 10 + 21 + 36 = 70$개입니다.

	1번째	2번째	3번째	4번째	5번째
◺	1	1+2	1+2+3	1+2+3+4	1+2+3+4+5
◺	0	0	1	1+2	1+2+3
◣	0	0	0	0	1

(표 2)

③ 위에서 구한 8 번째에서 찾을 수 있는 ◿ 모양의 직각삼각형의 개수와 ◺ 모양의 직각삼각형의 개수를 합하면
  $120 + 70 = 190$개입니다.
  따라서 8번째 도형에서 찾을 수 있는 크고 작은 직각삼각형의 개수는 190개입니다. (정답)

심화문제 **02** .... P. 56

[정답] 1210개

(그림)

3 정답 및 풀이

<풀이 과정>

① 위 (그림)과 같이 각 단계에 직선을 빨간색과 파란색으로 바꿔서 생각합니다.
홀수 번째일 때, 빨간색 직선과 파란색 직선의 개수는 서로 같습니다.
3번째 그림에서 한 직선 위에 생긴 점의 개수는 2개, 5번째 그림에서 한 직선 위에 생긴 점의 개수는 3개입니다.
따라서 홀수인 N 번째에서 한 직선 위에서 생기는 점의 개수는 (N + 1) ÷ 2개입니다.
이때 한 직선의 점의 개수와 빨간색 직선의 개수와 같고, 파란색 직선의 개수와도 같습니다.

② 홀수인 21번째에서 한 직선 위에 생기는 점의 개수는
(21 + 1) ÷ 2 = 11개이고 빨간색과 파란색 직선의 개수는 각각 11개입니다.
한 직선 위의 11개의 점에서 찾을 수 있는 선분의 개수는
(1 + 2 + ⋯ +9+ 10) = 55개입니다.
같은 직선 위의 있는 두 점을 잇는 선분만 생각하는 경우,
빨간색 직선과 파란색 직선이 총 22개이므로
55 × 22 = 1210개입니다. (정답)

심화문제 03 ⋯⋯⋯⋯⋯⋯⋯⋯ P. 57

[정답] 357개

(그림 1)   (그림 2)

<풀이 과정>

① 1번째부터 4번째까지 각 단계에서 찾을 수 있는 크기의 사각형의 개수를 각각 구합니다.

i. 1번째 도형에서 찾을 수 있는 크기의 사각형의 개수는 6개입니다.

ii. 2번째 도형에서 크기의 사각형의 개수는 위 (그림 1)에서 이 도형의 파란색 정육각형을
1 + 2 = 3개를 찾은 후 이 정육각형 안에 크기의 사각형을 6개를 찾을 수 있습니다. 위 (그림 2)에서 정육각형 안에 포함이되지 않는 빨간색 사각형 3개가 더 있습니다. 따라서 (1 + 2) × 6 + 3 = 21개입니다.

iii. 3번째 도형에서 크기의 사각형의 개수는
(1 + 2 + 3) × 6 + 6 = 42개입니다.
4번째 도형에서 크기의 사각형의 개수는
(1 + 2 + 3 + 4) × 6 + 9 = 69개입니다.

② N 번째 도형에서 찾을 수 있는 크기의 사각형의 개수는

(1 + 2 + ⋯ + N − 1 + N) × 6 + 3 × (N − 1) 개입니다. 이 규칙에 따라 10번째 도형에서 크기의 사각형의 개수는 아래와 같이 계산하면
(1 + 2 + ⋯ + 9 + 10) × 6 + 3 × 9
= 55 × 6 + 27 = 357개입니다.

③ 따라서 10번째 도형에서 찾을 수 있는 크기의 사각형의 개수는 총 357개입니다. (정답)

심화문제 04 ⋯⋯⋯⋯⋯⋯⋯⋯ P. 57

[정답] 48개

<풀이 과정>

① 아래 (표 1)과 같이 각 단계에서 도형의 둘레를 구합니다.
한 단계씩 증가할 때, 둘레는 4cm씩 증가합니다.

	1번째	2번째	3번째	4번째
도형의 둘레	6cm	10cm	14cm	18cm

(표 1)   4 증가 4 증가 4 증가

N 번째 도형의 둘레는 4 × (N − 1) + 6cm입니다.
따라서 둘레가 30cm인 도형은 4 × (N − 1) + 6 = 30 이므로 N = 7입니다.

7번째 도형에서 찾을 수 있는 크기의 삼각형의 개수를 구해야 합니다.

② 아래 (표 2)와 같이 1번째 도형에서 4번째 도형까지 와 크기의 개수를 덧셈으로 각각 나타냅니다.
2 이상의 N 번째 도형에서 찾을 수 있는 크기의 개수는
2 + 3 + ⋯ + (N − 1) + N개이고 크기의 개수는
1 + 2 + ⋯ + (N − 1) 개입니다.

크기	1번째	2번째	3번째	4번째
△	0	2	2+3	2+3+4
▽	0	1	1+2	1+2+3

(표 2)

③ 7번째 도형에서 찾을 수 있는 크기의 개수는
2 + 3 + 4 + 5 + 6 + 7 = 9 × 3 = 27개,
크기의 개수는 1 + 2 + 3 + 4 + 5 + 6 = 7 × 3 = 21개입니다.

④ 따라서 7번째 도형에서 찾을 수 있는 크기의 삼각형은 총 27 + 21 = 48개입니다. (정답)

[정답] 435개

〈풀이 과정〉

① 1번째부터 4번째까지 각 도형에서 점의 개수를 각각 구합니다.

1번째에서 점의 개수는 1개입니다.

2번째에서 점의 개수는 1 + 5 = 2 × 3 = 6개입니다.

3번째에서 점의 개수는 1 + 5 + 9 = 3 × 5 = 15개입니다.

4번째에서 점의 개수는 1 + 5 + 9 + 13 = 4 × 7 = 28개입니다.

② N번째까지 점의 개수를 구하는 방법은 2가지가 있습니다.

  ⅰ. 점의 개수를 덧셈으로 나타내면, N 번째에서 점의 개수는

    1 + 5 + 9 + … + {4 × (N − 1) + 1} 개가 됩니다.

  ⅱ. 아래 (그림)과 같이 2번째부터 4번째까지 정사각형의 개수를 빨간색 원처럼 묶어서 곱셈으로 나타내면, N 번째에서 점의 개수는

    N × (2 × N − 1) 개입니다.

③ 따라서 15번째 육각형 모양에서 배열된 점의 개수는

1 + 5 + 9 + … + 53 + 57 = 15 × 29 = 435개입니다.

(정답)

1번째

2번째

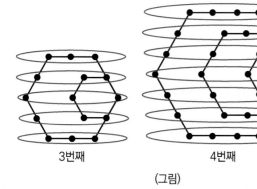

3번째   4번째

(그림)

[정답] 130개

〈풀이 과정〉

① 아래 (표)와 같이 크고 작은 정사각형의 개수를 덧셈으로 나타냅니다. N 번째 도형에서 찾을 수 있는 가장 작은 정사각형의 개수는 1부터 N까지 수의 합입니다.

홀수 번째는 각 크기의 정사각형 개수의 덧셈식에서 마지막에 홀수를 더하고 짝수 번째는 각각 크기의 정사각형 개수의 덧셈식에서 마지막에 짝수를 더합니다.

이제, 크고 작은 정사각형의 개수가 100개를 넘길 때, 몇 번째인지 구해야 합니다.

만약 9번째라면 크고 작은 정사각형의 개수는

1 + (1 + 2 + 3) + (1 + 2 + 3 + 4 + 5)
+ (1 + 2 + 3 + 4 + 5 + 6 + 7)
+ (1 + 2 + … + 9) = 1 + 6 + 15 + 28 + 45
= 95개입니다.

크기	1번째	2번째	3번째	4번째	5번째
□	1	1+2	1+2+3	1+2+3+4	1+2+3+4+5
▦	0	0	1	1+2	1+2+3
▦	0	0	0	0	1

(표)

② 9번째에서 크고 작은 정사각형의 개수가 100개를 넘지 못했으므로 10번째 모양에서 크고 작은 정사각형의 개수를 구합니다. 10번째 모양에서 크고 작은 정사각형의 개수는

(1 + 2) + (1 + 2 + 3 + 4) + (1 + 2 + … + 6)
+ (1 + 2 + … + 7 + 8) + (1 + 2 + … + 9 + 10)
= 3 + 10 + 21 + 36 + 55 = 125 개입니다.

따라서 10번째 모양에서 사용된 성냥개비의 개수를 구해야 합니다.

③ 1번째부터 4번째까지 각 단계에 사용된 성냥개비의 개수를 구합니다.

1번째 모양에서 사용된 성냥개비의 개수 : 1 × 4 = 4개

2번째 모양에서 사용된 성냥개비의 개수 : 2 × 5 = 10개

3번째 모양에서 사용된 성냥개비의 개수 : 3 × 6 = 18개

4번째 모양에서 사용된 성냥개비의 개수 : 4 × 7 = 28개

④ N 번째에서 찾을 수 있는 성냥개비의 개수 : N × (N + 3)

따라서 10번째 모양에서 성냥개비의 개수는

10 × 13 = 130개입니다.

(정답)

4. 교점과 영역의 개수

대표문제 1 확인하기 1 ·········· P. 65

[정답] 78개

<풀이 과정>

① 아래 (표)는 직선의 개수가 늘어날수록 교점의 최대 개수가 늘어나는 규칙을 나타낸 것입니다. 직선의 개수가 1개가 늘어날수록 교점의 최대 개수는 2개, 3개, 4개씩 증가합니다.
따라서 N개의 직선이 만나서 생기는 교점의 최대 개수는 $1 + 2 + \cdots + (N - 2) + (N - 1)$ 개입니다.

직선의 개수	2개	3개	4개	5개
교점의 최대 개수	1개	1+2=3개	1+2+3=6개	1+2+3+4=10개

(표)　　　2개 증가　3개 증가　4개 증가

② 따라서 직선 13개가 만나서 생기는 교점의 최대 개수는
$1 + 2 + \cdots + 11 + 12 = (12 + 1) \times 6 = 78$개입니다.
(정답)

대표문제 1 확인하기 2 ·········· P. 65

[정답] 12개

<풀이 과정>

① N 개의 직선을 그었을 때, 만나서 생기는 교점의 최대 개수는 $1 + 2 + \cdots + (N - 2) + (N - 1)$ 개이므로 1부터 어떤 수까지 연속하는 자연수를 합했을 때 66이 되는 경우인지 구해야 합니다.

② $1 + 2 + \cdots + 10 + 11$까지 합하면 66이 되므로 직선의 개수는 총 12개입니다. (정답)

대표문제 2 확인하기 ·········· P. 67

[정답] 73개

<풀이 과정>

① 아래 (표)는 원의 개수가 늘어날수록 영역의 최대 개수가 늘어나는 규칙을 나타낸 것입니다. 원의 개수가 1개가 늘어날수록 영역의 최대개수는 2개, 4개, 6개씩 증가합니다.
따라서 N개의 원이 만나서 생기는 영역의 최대 개수는
$1 + 2 + 4 + \cdots + (2 \times N - 2)$ 개입니다.

원의 개수	1개	2개	3개	4개
영역의 최대 개수	1개	3개	7개	13개

(표)　　　2개 증가　4개 증가　6개 증가

② 따라서 원 9개가 만나서 생기는 영역의 최대 개수는
$1 + 2 + 4 + 6 + 8 + 10 + 12 + 14 + 16 = 73$개입니다. (정답)

연습문제 01 ·········· P. 68

[정답] 79개

<풀이 과정>

① 아래 (표)는 직선의 개수가 늘어날수록 영역의 최대 개수가 늘어나는 규칙을 나타낸 것입니다. 직선의 개수가 1개가 늘어날수록 영역의 최대 개수는 2개, 3개씩 증가합니다.
따라서 N개의 직선이 만나서 생기는 영역의 최대 개수는
$1 + 1 + 2 + \cdots + (N - 1) + N$개입니다.

직선의 개수	1개	2개	3개
영역의 최대 개수	2개	4개	7개

(표)　　　2개 증가　3개 증가

② 따라서 직선 12개가 만나서 생기는 영역의 최대 개수는
$1 + 1 + 2 + \cdots + 11 + 12 = 1 + (12 + 1) \times 6 = 79$개입니다. (정답)

연습문제 02 ·········· P. 68

[정답] 45개

<풀이 과정>

① 아래 (표)는 점의 개수가 늘어날수록 그릴 수 있는 직선의 최대 개수가 늘어나는 규칙을 나타낸 것입니다.
점의 개수가 1개가 늘어날수록 직선의 최대 개수는 2개, 3개씩 증가합니다.
따라서 N개의 점에서 그릴 수 있는 직선의 최대 개수는
$1 + 2 + \cdots + (N - 1)$ 개입니다.

점의 개수	2개	3개	4개
직선의 최대 개수	1개	3개	6개

(표)　　　2개 증가　3개 증가

② 따라서 점 10개가 그릴 수 있는 직선의 최대 개수는
$1 + 2 + \cdots + 9 = 45$개입니다. (정답)

[정답] 14개

〈풀이 과정〉

① 정사각형에 N개의 직선을 그었을 때, 생기는 영역의 최대 개수는 $1 + 1 + 2 + \cdots + (N - 1) + N = 106$이므로 1부터 어떤 수까지 연속하는 자연수를 더한 값이 105가 되는 경우를 구해야 합니다.

② $1 + 2 + \cdots + 13 + 14$까지 합하면 105가 되므로 정사각형 안에 그은 직선의 개수는 총 14개입니다. (정답)

[정답] 65개

〈풀이 과정〉

① 정삼각형 안에 직선을 그었을 때, 정삼각형 안을 최대한 많은 영역으로 나누기 위해서는 직선끼리 서로 만나는 교점의 개수가 최대가 되어야 합니다.
N개의 직선이 만나서 생기는 교점의 최대 개수는 $1 + 2 + \cdots + (N - 2) + (N - 1)$ 개입니다.
따라서 정삼각형 안에서 10개의 직선이 서로 만나 생기는 교점의 최대 개수는 $1 + 2 + \cdots + 8 + 9 = 45$개입니다.

② 정삼각형과 직선이 서로 만나 생기는 교점의 개수는 (직선의 개수) × 2개입니다.
따라서 10개의 직선이 정삼각형과 만나서 생기는 교점의 개수는 $10 \times 2 = 20$개입니다.

③ 따라서 정삼각형과 직선, 직선과 직선끼리 서로 만나 생기는 교점의 최대 개수는 총 $45 + 20 = 65$개입니다. (정답)

[정답] 154개

〈풀이 과정〉

① 한 평면에 N개의 직선이 만나서 생기는 교점의 최대 개수는 $1 + 2 + \cdots + (N - 2) + (N - 1)$ 개입니다.
1부터 어떤 수까지 연속하는 자연수를 합했을 때, 136이 되는 경우를 찾습니다.
따라서 $1 + 2 + \cdots + 15 + 16$까지 합하면 136이 되므로 직선의 개수는 총 17개입니다.

② 한 평면을 직선 17개로 나누었을 때 생기는 영역의 최대 개수는 $1 + 1 + 2 + \cdots + 16 + 17 = 154$개입니다. (정답)

[정답] 210개

〈풀이 과정〉

① 한 평면에 N개의 직선이 만나서 생기는 영역의 최대 개수는 $1 + 1 + 2 + \cdots + (N - 1) + N = 232$개입니다.
1부터 어떤 수까지 연속하는 자연수를 합했을 때, 231이 되는 경우를 찾습니다.
따라서 $1 + 2 + \cdots + 20 + 21$까지 합하면 231이 되므로 직선의 개수는 총 21개입니다.

② 한 평면에 직선 21개끼리 서로 만나는 교점의 최대 개수는 $1 + 2 + \cdots + 19 + 20 = 210$개입니다. (정답)

[정답] 13번

〈풀이 과정〉

① 아래 (표)는 피자의 원의 중심을 지나도록 자른 횟수가 늘어날수록 피자 조각의 개수가 늘어나는 규칙을 나타낸 것입니다.
자른 횟수가 1번씩 늘어나면 피자 조각의 개수는 2개씩 증가합니다.
따라서 자른 횟수가 N 번이라면, 피자 조각의 개수는 $2 \times N$개가 됩니다.

자른 횟수	1번	2번	3번	4번
피자 조각의 개수	2개	4개	6개	8개

(표)　　　　　2개 증가　2개 증가　2개 증가

② 13명의 친구들이 똑같은 개수로 나눠 먹으려면 조각의 개수가 13의 배수가 되어야 합니다.
위의 규칙에 따라 13번 자른다면 피자 조각의 개수가 $2 \times 13 = 26$개이므로
13명의 친구들은 각각 2조각씩 똑같은 개수로 나눠 먹을 수 있습니다.
따라서 최소한 13번 잘라야 합니다. (정답)

정답 및 풀이

[정답] 10개

<풀이 과정>

① 아래 (표)는 직선의 개수가 늘어날 때, 원 안에 영역의 최대 개수와 직선끼리 교점의 최대 개수가 늘어나는 규칙을 나타낸 것입니다. 직선의 개수가 1개씩 늘어나면 원 안에 영역과 교점의 개수 합이 3, 5, 7씩 증가합니다.
따라서 직선의 개수가 N 개라면, 영역과 교점의 개수 합은 $2 + 3 + 5 + \cdots + (2 \times N - 1)$ 개가 됩니다.

직선의 개수	1개	2개	3개	4개
원 안의 영역의 최대 개수	2개	4개	7개	11개
직선끼리 교점의 최대 개수	0개	1개	3개	6개
영역과 교점의 개수의 합	2	2+3 = 5	2+3+5 = 10	2+3+5+7 = 17

(표)
3 증가 5 증가 7 증가

② 원 안에 영역의 개수와 직선끼리 교점의 개수의 합이 $2 + 3 + 5 + \cdots + (2 \times N - 1) = 101$이 되는 N을 찾습니다. $2 + 3 + 5 + \cdots + 17 + 19 = 101$입니다.
$2 \times N - 1 = 19$가 되는 N을 찾으면 됩니다.
따라서 N = 10이므로 원 안에 그은 직선의 개수는 10개입니다. (정답)

[정답] 풀이 과정 참조

<풀이 과정>

① 정사각형이 2개인 경우 총 8개의 변이 있고, 한 변이 다른 정사각형의 변과 2번씩 만나고, 교점은 두 정사각형의 각 변에서 중복되어 세지므로 교점의 최대 개수는 $(8 \times 2) \div 2 = 8$개입니다.
이와 마찬가지로 3개의 정사각형이 만났을 때와 4개의 정사각형이 만났을 때 생기는 교점의 최대 개수를 구합니다.

② 3개의 정사각형의 총 변의 개수는 $4 \times 3 = 12$이고, 한 변이 다른 2개의 정사각형의 변과 $2 \times 2 = 4$번씩 만나고, 교점은 두 정사각형의 각 변에서 중복되어 세지므로 교점의 최대 개수는 $(12 \times 4) \div 2 = 24$개입니다.

③ 4개의 정사각형의 총 변의 개수는 $4 \times 4 = 16$이고, 한 변이 다른 3개의 정사각형의 변과 $2 \times 3 = 6$번씩 만나고, 교점은 두 정사각형의 각 변에서 중복되어 세지므로 교점의 최대 개수는 $(16 \times 6) \div 2 = 48$개입니다.

④ 따라서 3개의 정사각형이 만났을 때와 4개의 정사각형이 만났을 때 생기는 교점의 최대 개수는 각각 24개와 48개입니다. (정답)

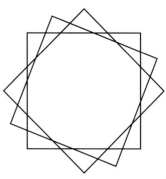

<3개의 정사각형의 교점이 최대일 때>

[정답] 풀이 과정 참조

<풀이 과정>

① 정삼각형 안에 원 1개를 그릴 때, 영역의 개수가 최대가 되도록 하려면 정삼각형 안에 원을 접하게 그리면 아래 (정답 1)과 같이 영역의 최대 개수는 4개입니다.

② 정삼각형 안에 원 2개를 그릴 때, 영역의 개수가 최대가 되도록 하려면 (정답 1)과 같이 맨 처음 원을 그린 후 나머지 한 개의 원을 겹쳐서 정삼각형에 접하게 그리면 아래 (정답 2)와 같이 영역의 최대 개수는 8개입니다.

③ 정삼각형 안에 원 3개를 그릴 때, 영역의 개수가 최대가 되도록 하려면 (정답 2)와 같이 2개의 원을 그린 후 나머지 한 개의 원을 겹쳐서 정삼각형에 접하게 그리면 아래 (정답 3)과 같이 영역의 최대 개수는 14개입니다.

④ 원이 1개씩 늘어날 때마다 영역의 최대 개수는 (4, 6, 8 …)개씩 늘어납니다.
따라서 정삼각형 안에 원 4개를 그릴 때 영역의 최대 개수는 $14 + 8 = 22$개가 됩니다. 아래 (정답 4)와 같이 영역의 최대 개수가 22개일 때 원 4개를 그릴 수 있습니다.

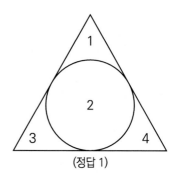

(정답 1)

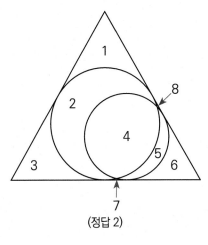

(정답 2)

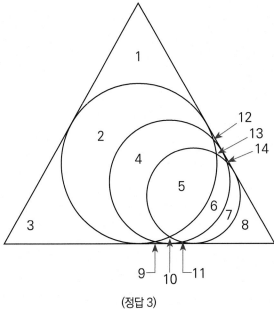

(정답 3)

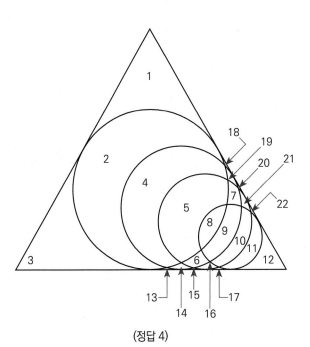

(정답 4)

[정답] 60개

〈풀이 과정〉

① 정삼각형끼리 서로 만나는 교점의 최대 개수를 구한 후 원 1개와 겹쳤을 때 교점의 개수를 합하면 됩니다.

② 4개의 정삼각형의 총 변의 개수는 4 × 3 = 12개이고, 한 변이 다른 3개의 정삼각형의 변과 2 × 3 = 6번씩 만나고, 교점은 두 정삼각형의 각 변에서 중복되어 세지므로 교점의 최대 개수는 (12 × 6) ÷ 2 = 36개입니다.

③ 정삼각형 1개와 원 1개를 겹쳤을 때, 정삼각형과 원의 교점 개수는 3 × 2 = 6개입니다.
정삼각형 2개와 원 1개를 겹쳤을 때, 정삼각형과 원의 교점 개수는 3 × 2 × 2 = 12개입니다.
이와 마찬가지로 정삼각형 4개와 원 1개를 겹쳤을 때, 정삼각형과 원의 교점 개수는 3 × 2 × 4 = 24개입니다.

④ 따라서 정삼각형 4개와 원 1개를 겹쳐서 그렸을 때, 생길 수 있는 교점의 최대 개수는 36 + 24 = 60개입니다.
(정답)

[정답] 풀이 과정 참조

〈풀이 과정〉

① 원 안에 정사각형 1개를 그릴 때, 영역의 개수가 최대가 되도록 하려면 원 안에 정사각형을 접하게 그리면 아래 (정답 1)과 같이 영역의 최대 개수는 5개입니다.

② 원 안에 크기가 서로 다른 정사각형 2개를 그릴 때, 영역의 개수가 최대가 되도록 하려면 (정답 1)과 같이 맨 처음 정사각형을 그린 후 나머지 크기가 다른 정사각형은 원과 2개의 꼭짓점이 만나게 그리면 아래 (정답 2)와 같이 영역의 최대 개수는 15개입니다.

③ 원 안에 크기가 서로 다른 정사각형 3개를 그릴 때, 영역의 개수가 최대가 되도록 하려면 (정답 2)와 같이 2개의 정사각형을 그린 후 나머지 한 개의 정사각형은 원과 2개의 꼭짓점이 만나게 그리면 아래 (정답 3)과 같이 영역의 최대 개수는 33개입니다.

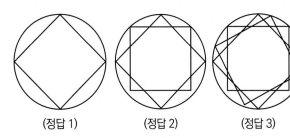

(정답 1)   (정답 2)   (정답 3)

심화문제 03 .... P. 74

[정답] 영역의 개수 16 ~ 121개, 가짓수 106개

<풀이 과정>

① 아래 (표)는 원 안에 직선이 늘어날수록 만들 수 있는 영역의 개수와 가짓수가 늘어나는 규칙을 나타낸 것입니다. 직선의 개수가 1개씩 늘어날수록 영역의 개수와 가짓수는 1가지, 2가지씩 증가합니다.
따라서 N개의 직선에서 만들 수 있는 영역의 가짓수는
1 + (1 + 2 + ⋯ (N – 1))가지입니다.

직선의 개수	1	2	3	4	5
영역의 개수 가짓수	2	3, 4	4, 5, 6, 7	5 ~ 11	6 ~ 16
가짓수	1	2	4	7	11

(표)   1 증가   2 증가   3 증가

⋯	N
⋯	(N + 1) ~ (1 + ⋯ + N) + 1
⋯	1 + (1 + 2 + ⋯ + N – 1)

② 따라서 직선 15개를 원 안에 그었을 때, 만들 수 있는 영역의 가짓수는 1 + (1 + 2 + ⋯ + 14) = 106개입니다. 각 경우의 영역의 개수는 16 ~ 121개입니다. (정답)

심화문제 04 .... P. 75

[정답] 풀이 과정 참조

<풀이 과정>

① 3개의 직선을 그었을 때 영역의 최대 개수는
1 + 1 + 2 + 3 = 7이므로 10개의 원을 모두 다른 영역에 넣을 수 없습니다.
최소한 4개의 직선을 그었을 때 영역의 최대 개수는
1 + 1 + 2 + 3 + 4 = 11개로 10개의 원을 모두 다른 영역에 넣을 수 있습니다.

② 아래 (예시 정답 1)과 같이 직선 4개를 그어 영역의 개수를 10개를 만들 수 있고 (예시 정답 2)와 같이 직선 4개를 그어 영역의 최대 개수인 11개를 만들 수 있습니다.
이외에도 직선 4개를 다르게 그릴 수 있습니다.

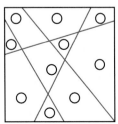

(예시 정답 1)

먼저 한 영역에 3개, 3개, 4개씩 원이 들어가도록 2개의 직선을 긋고 4개의 원이 있는 영역에 선분 2개가 교차하도록 긋습니다.

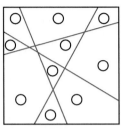

(예시 정답 2)

먼저 한 영역에 5개, 5개씩 원이 들어가도록 한 개의 직선을 긋고 5개의 원이 있는 두 영역에 선분 3개가 교차하도록 긋습니다.

창의적문제해결수학 01 .... P. 76

[정답] 풀이 과정 참조

<풀이 과정>

① 별에 직선 1개를 그려 별 내부의 영역 개수가 최대가 되도록 하려면 별 안에 직선을 접하게 그리면 아래 (정답 1)과 같이 별 내부의 영역의 최대 개수는 3개입니다.

② 별에 직선 2개를 그려 별 내부의 영역 개수가 최대가 되도록 하려면 (정답 1)과 같이 맨 처음 직선을 그린 후 나머지 한 개의 직선을 반대로 별에 접하게 그리면
아래 (정답 2)와 같이 별 내부의 영역의 최대 개수는 6개입니다.

③ 별에 직선 3개를 그려 별 내부의 영역 개수가 최대가 되도록 하려면 (정답 2)와 같이 2개의 직선을 그린 후 나머지 한 개의 직선을 2개의 직선을 모두 지나도록 그리면 아래 (정답 3)과 같이 영역의 최대 개수는 10개입니다.

(정답 1) : 최대 영역 2

(정답 2) : 최대 영역 6

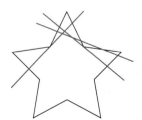

(정답 3) : 최대 영역 10

5. 수 배열의 규칙

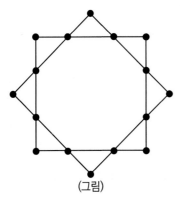

(그림)

〈풀이 과정〉

① 위 (그림)과 같이 정사각형 두 개를 겹치면 8개의 직선끼리 서로 만나는 곳에 16개의 점을 찍을 수 있습니다.
각 직선에 5개씩 점을 찍어야 하므로 두 개의 정사각형에 대각선을 그어 교점을 9개를 더 만듭니다.

② 따라서 아래 (정답)과 같이 12개의 직선으로 25개의 점을 각 직선에 5개씩 놓을 수 있습니다.

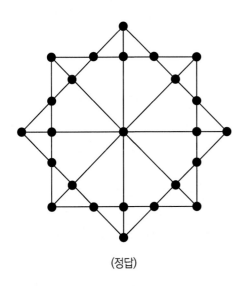

(정답)

대표문제 1 **확인하기** ·········· P. 83

[정답] B

〈풀이 과정〉

① 아래 (표)와 같이 1부터 14까지 14로 나눈 나머지는 (1, 2, 3, 4, 5, 6, 7, 8, 9, 10, 11, 12, 13, 0)입니다. 이와 마찬가지로 15부터 28까지 14로 나눈 나머지는 (1, 2, 3, 4, 5, 6, 7, 8, 9, 10, 11, 12, 13, 0)입니다.
따라서 14로 나눈 나머지가 (1, 2, 3, 4, 5, 6, 7, 8, 9, 10, 11, 12, 13, 0)으로 한 마디씩 반복됩니다.

알파벳	A	B	C	D	E	F	G
	1	2	3	4	5	6	7
14로 나눈 나머지	0	13	12	11	10	9	8
	1	2	3	4	5	6	7
	0	13	12	11	10	9	8

(표)

② 패턴 마디 안에는 14개의 수들이 있으므로
$69 \div 14 = 4 \cdots 13$입니다.
따라서 나머지가 13이므로 알파벳 B와 같은 줄에 있습니다. (정답)

대표문제 2 **확인하기** ·········· P. 85

[정답] (10, 3) = 84

〈풀이 과정〉

① 아래 (표)와 같이 파란색 화살표를 따라 1열의 적힌 수들은 1, 2, 5, 10, 17, …입니다.
이 수들은 1, 3, 5, 7씩 늘어나는 규칙이 있습니다.
따라서 (10, 1)의 수는
$1 + (1 + 3 + 5 + 7 + 9 + 11 + 13 + 15 + 17)$
$= 82$입니다.

② (3, 1)에서 앞으로 (3, 2), (3, 3)과 같이 1열씩 오른쪽으로 이동할수록 1씩 커지는 규칙이 있습니다.
따라서 (10, 1)에서 (10, 3)까지 2열이 이동했으므로 (10, 3)의 수는 82 + 2 = 84입니다. (정답)

	1열	2열	3열	4열	5열
1행	1	4	9	16	25
2행	2	3	8	15	24
3행	5	6	7	14	23
4행	10	11	12	13	22
5행	17	18	19	20	21

(표)

연습문제 01 ·········· P. 86

[정답] 일요일

〈풀이 과정〉

① 아래 (표 1)에서 무우가 말한 요일의 반복되는 구간을 찾습니다. 파란색 칸인 1부터 12까지 12로 나눈 나머지는 (1, 2, 3, 4, 5, 6, 7, 8, 9, 10, 11, 0)입니다. 이와 마찬가지로 노란색 칸인 13부터 24까지 12로 나눈 나머지는 (1, 2, 3, 4, 5, 6, 7, 8, 9, 10, 11, 0)입니다.
따라서 아래 (표 2)와 같이 12로 나눈 나머지인 (1, 2, 3, 4, 5, 6, 7, 8, 9, 10, 11, 0)가 한 마디씩 반복됩니다.

월	화	수	목	금	토	일
1	2	3	4	5	6	7
12	11	10	9	8		
13	14	15	16	17	18	19
24	13	22	21	20		

(표 1)

② 무우는 요일을 175번 말한다면 175를 12로 나눈 나머지를 찾습니다. 아래 (표 2)와 같은 나머지가 마지막에 말한 요일의 위치입니다.
따라서 175 ÷ 12 = 14 … 7이므로 무우가 마지막으로 말한 요일은 일요일입니다. (정답)

요일	월	화	수	목	금	토	일
12로 나눈 나머지	1	2	3	4	5	6	7
		0	11	10	9	8	

(표 2)

연습문제 02 ·········· P. 86

[정답] $\dfrac{121}{243}$

$$\begin{array}{ccccc} {\scriptstyle +2} & {\scriptstyle +3} & {\scriptstyle +4} & {\scriptstyle +5} \\ 2 & 4 & 7 & 11 & 16 \cdots \\ \hline 5, & 9, & 15, & 23, & 33 \cdots \\ {\scriptstyle +4} & {\scriptstyle +6} & {\scriptstyle +8} & {\scriptstyle +10} \end{array}$$

(분수)

〈풀이 과정〉

① 위 (분수)와 같이 분모와 분자를 따로 생각하여 규칙을 찾습니다. 분수들의 각 분자의 수는 2, 4, 7, 11, 16, …으로 2, 3, 4, 5씩 증가합니다. 분수들의 각 분모의 수는 5, 9, 15, 23, 33,…으로 4, 6, 8, 10씩 증가합니다.

② 15번째 분수의 분모는 5 + (4 + 6 + 8 + … + 30)이고 분자는 2 + (2 + 3 + 4 + … + 15)입니다.
또는 분모 = 분자 × 2 + 1입니다.
따라서 계산하면 15번째 분수는 $\dfrac{121}{243}$ 입니다. (정답)

연습문제 03 ·········· P. 86

[정답] 643

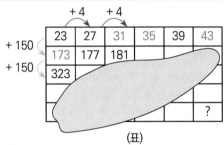

(표)

〈풀이 과정〉

① 위 (표)와 같이 23에서 오른쪽으로 한 칸씩 이동할 때마다 4씩 증가하고 23에서 아래로 한 칸씩 내려갈 때마다 150씩 증가합니다. 23과 같은 줄에 있는 맨 마지막 칸에 23 + 4 × 5 = 43이 들어갑니다.

② 물음표에 들어갈 수는 43에서 아래로 4칸 내려가면 되므로 43 + 150 × 4 = 643입니다. (정답)

연습문제 04 ·········· P. 87

[정답] (9, 12)

	1열	2열	3열	4열	5열
1행	1	2	9	10	25
2행	4	3	8	11	24
3행	5	6	7	12	23
4행	16	15	14	13	22
5행	17	18	19	20	21

(표)

〈풀이 과정〉

① (표)와 같이 파란색 화살표를 따라 대각선의 적힌 수들은 1, 3, 7, 13, 21, …입니다. 이 수들은 2, 4, 6, 8씩 늘어나는 규칙이 있습니다.
대각선의 수가 130에 인접한 수를 구해야 합니다. (12, 12)의 수는
1 + (2 + 4 + 6 + 8 + 10 + 12 + 14 + 16 + 18 + 20 + 22) = 133입니다.

② (N, N)에서 N이 짝수일 때와 홀수일 때 1행씩 위로 이동할수록 서로 다른 규칙을 갖고 있습니다.
　ⅰ. (N, N)에서 N이 짝수일 때 (4, 4)에서 (3, 4), (2, 4), (1, 4)와 같이 1행씩 위로 이동할수록 수가 1씩 작아지는 규칙이 있습니다.
　ⅱ. (N, N)에서 N이 홀수일 때 (5, 5)에서 (4, 5), (3, 5), (2, 5), (1, 5)와 같이 1행씩 위로 이동할수록 수가 1씩 커지는 규칙이 있습니다.
③ (12, 12)에서 N = 12로 짝수이므로 (12, 12)에서 1행씩 위로 3칸을 가야 130이 됩니다.
　따라서 (9, 12)의 수가 130입니다. (정답)

연습문제　**05**　·········· P. 87

[정답] 96번째

	순서쌍	순서쌍의 개수
두 수의 합이 1일 때	(0, 1), (1, 0)	2개
두 수의 합이 2일 때	(0, 2), (1, 1), (2, 0)	3개
두 수의 합이 3일 때	(0, 3), (1, 2), (2, 1), (3, 0)	4개
두 수의 합이 4일 때	(0, 4), (1, 3), (2, 2), (3, 1), (4, 0)	5개

(표)

〈풀이 과정〉

① 순서쌍 안에 두 수를 합했을 때 1, 2, 3, 4, …가 되는 경우를 위 (표)와 같이 나눕니다. (표)에서 각 줄에 순서쌍의 개수는 2개, 3개, 4개, …가 있습니다.
② (5, 8)은 두 수의 합이 13이므로 (표)에서 맨 윗줄부터 13번째 줄이고 그 줄에서 6번째 순서쌍입니다.
　12번째 줄까지 순서쌍의 개수를 세면
　2 + 3 + 4 + … + 13 = 90개가 있습니다.
③ 따라서 (5, 8)은 90 + 6 = 96번째 나오는 순서쌍입니다. (정답)

연습문제　**06**　·········· P. 87

[정답] 4

〈풀이 과정〉

① 먼저 개구리가 원형 숫자판 위를 1에서부터 홀수가 적힌 칸에서 반시계 방향으로 3칸씩, 짝수가 적힌 칸에서 시계 방향으로 4칸씩 이동할 때, 이동한 칸에 적힌 수들을 나열합니다.
　1→5→2→6→3→7→4→1→5→2→6→3→7→4→1→5→2→6→3→7 … 으로 처음 1의 위치로 올 때 까지 7번 뛰어 (5, 2, 6, 3, 7, 4, 1)의 수들이 반복적으로 나열됩니다. 7번 뛰면 1의 위치에 있게 됩니다.

② 650 ÷ 7 = 92 … 6이므로 92 × 7 = 644번 뛰어 1의 위치에 있게 되고, 650번 뛴 개구리는 그 다음 6번째 수인 4의 위치에 있게 됩니다. (정답)

연습문제　**07**　·········· P. 88

[정답] (13, 8) = 125

〈풀이 과정〉

① 1행에 적힌 수는 1, 2, 4, 7, 11, …로 1, 2, 3, 4씩 늘어납니다.
　2행에 적힌 수는 2, 4, 7, 11, 16, …으로 2, 3, 4, 5씩 늘어납니다.
　3행에 적힌 수는 3, 6, 10, 15, 21, …로 3, 4, 5, 6씩 늘어납니다.
　13행에서 8번째 수를 찾습니다. 행의 규칙에 따라
　8 × 13 + (1 + 2 + 3 + 4 + 5 + 6) = 125입니다.
② 1열에 적힌 수는 1, 2, 3, 4, 5, … 로 1씩 늘어납니다.
　2열에 적힌 수는 2, 4, 6, 8, 10, … 으로 2씩 늘어납니다.
　3열에 적힌 수는 4, 7, 10, 13, 16, …으로 3씩 늘어납니다.
　8열에서 13번째 수를 찾습니다.
　8열의 첫 번째 적힌 수는 8 + 21 = 29입니다. 29에서 아래로 갈수록 8씩 늘어나므로 29 + 8 × 12 = 125입니다.
③ 위의 ①과 ②의 두 풀이 과정에 따라 (13, 8) = 125입니다. (정답)

연습문제　**08**　·········· P. 88

[정답] (188, 3)

〈풀이 과정〉

① 아래 (표 1)에서 짝수들이 반복되는 구간을 찾습니다.
　파란색 칸인 2부터 16까지 16으로 나눈 나머지는 (2, 4, 6, 8, 10, 12, 14, 0)입니다.
　이와 마찬가지로 노란색 칸인 18부터 32까지 16으로 나눈 나머지는 (2, 4, 6, 8, 10, 12, 14, 0)입니다.
　따라서 아래 (표 2)와 같이 16으로 나눈 나머지인 (2, 4, 6, 8, 10, 12, 14, 0)이 한 마디씩 반복됩니다.

	1열	2열	3열	4열	5열
1행		2	4	6	8
2행	16	14	12	10	
3행		18	20	22	24
4행	32	30	28	26	
5행		34	36	38	40

(표 1)

② 1500 ÷ 16으로 나눈 나머지를 찾습니다. 아래 (표 2)와 같은 나머지가 순서쌍의 위치입니다.
　따라서 1500 ÷ 16 = 93 … 12이므로 3열입니다.

열	1열	2열	3열	4열	5열
16으로 나눈 나머지	0	2	4	6	8
		14	12	10	

(표 2)

③ 나머지가 12이므로 짝수 번째 행으로 3열에서 2행, 4행, 6
행의 수를 16으로 나눴을 때 몫을 보면 0, 1, 2, 3씩 늘어납
니다. 3열에서 몫이 N일 때 2 × (N + 1)행이 됩니다.
몫이 93이므로 2 × 94 = 188행입니다. (정답)

④ 다른 방법으로 (2, 4, 6, 8, 10, 12, 14, 16),
(18, 20, 22, 24, 26, 28, 30, 32)와 같이 짝수의 개수가 8
개씩 되도록 묶어서 생각합니다. 짝수만 적으므로 1500은
1500 ÷ 2 = 750번째 짝수입니다.
750 ÷ 8 = 93 … 6이므로 94번째 묶음에서 6번째 수입
니다.
따라서 94 × 2 = 188행이고 묶음에서 6번째 수이므로 3
열입니다. (정답)

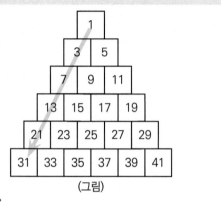

연습문제　09　·······················　P. 89

[정답] (3, 96)

<풀이 과정>

① 아래 (표)와 같이 한 묶음 안에는 9개의 파란색 사각형이
들어갑니다. 123번째 색칠된 사각형은
123 ÷ 9 = 13 … 6이므로 14번째 묶음의 6번째 색칠된
사각형입니다.
6번째 사각형은 3행입니다.

② 3행 5열이 첫 번째 묶음의 6번째 사각형으로 (3, 5)라고
나타내면 123번째 색칠된 사각형은 14번째 묶음이므로
(3, 5 + 7 × 13) = (3, 96)입니다. (정답)

	1열	2열	3열	4열	5열	6열	7열	8열	9열	10열	11열	12열	13열	14열	15열	16열
1행				4							13					
2행	1		3		5			10		12		14			19	
3행		2				6	7	9		11			15	16	18		20
4행					8								17			

(표)

연습문제　10　·······················　P. 89

[정답] 225

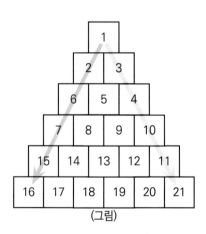

(그림)

<풀이 과정>

① 위 (그림)과 같이 위에서부터 각 줄의 첫 번째 수는
1, 3, 7, 13, 21, 31으로 2, 4, 6, 8, 10씩 늘어납니다.
따라서 위에서부터 15번째 줄의 첫 번째 수는
1 + (2 + 4 + 6 + … + 26 + 28) = 211입니다.

② 각 줄에서 수는 오른쪽으로 한 칸씩 이동할 때마다 2씩 증
가합니다. 15번째 줄의 8번째 수는 211에서 오른쪽으로
한 칸씩 이동할 때마다 2씩 증가합니다.
따라서 15번째줄의 8번째 수는
211 + 2 × 7 = 225입니다. (정답)

심화문제　01　·······················　P. 90

[정답] 11

(그림)

<풀이 과정>

① 위 (그림)과 같이 위에서부터 각 줄의 첫 번째 수는
1, 2, 6, 7, 15, 16으로 1, 4, 1, 8, 1씩 늘어납니다.
짝수 번째 줄의 첫번째 수 2, 7, 16은 5, 9, 13씩 늘어나고
홀수 번째 줄의 첫번째 수 1, 6, 15 도 5, 9, 13씩 늘어납니다.
각 줄의 마지막 수는 1, 3, 4, 10, 11, 21으로 2, 1, 6, 1, 10
씩 늘어납니다.
짝수 번째 줄의 마지막 수 3, 10, 21은 7, 11, 15씩 늘어나
고 홀수 번째 줄의 마지막 수 1, 4, 11 은 3, 7, 11씩 늘어납
니다.

② 12번째 줄은 짝수이므로 가장 왼쪽에 적힌 수는
2 + (5 + 9 + 13 + 17 + 21) = 67입니다.
또한, 11번째 줄은 홀수이므로 가장 오른쪽에 적힌 수는
1 + (3 + 7 + 11 + 15 + 19) = 56입니다.

③ 12번째 줄의 가장 왼쪽의 적힌 수는 67이고 11번째 줄의
가장 오른쪽에 적힌 수는 56입니다.
둘의 차는 67 - 56 = 11입니다.

④ 다른 방법으로 홀수 번째 줄의 가장 오른쪽에 적힌 수와
짝수 번째 줄의 가장 왼쪽에 적힌 수를 순서쌍으로 나타
냅니다. (1, 2), (4, 7), (11, 16), (22, 29)로 두 수의 차는
1, 3, 5, 7입니다.
따라서 2씩 증가하므로 11번째 가장 오른쪽에 적힌 수와
12번째 가장 왼쪽에 적힌 수의 차는 11입니다. (정답)

심화문제 02 ·········· P. 91

[정답] 16

	1열	2열	3열	4열	5열
1행	1	2	5	10	17
2행	4	3	6	11	18
3행	9	8	7	12	19
4행	16	15	14	13	20
5행	25	24	23	22	21

(표)

<풀이 과정>

① 위 (표)와 같이 파란색 화살표를 따라 대각선의 적힌 수
들은 1, 3, 7, 13, 21, …입니다. 이 수들은 2, 4, 6, 8씩 늘
어나는 규칙이 있습니다.
(14, 14)의 수는 1 + (2 + 4 + 6 + 8 + 10 + 12 + 14
+ 16 + 18 + 20 + 22 + 24 + 26) = 183입니다.

② (N, N)에서 1열씩 왼쪽으로 이동할수록 1씩 커지는 규칙
이 있습니다.
(14, 14)에서 1열씩 왼쪽으로 6칸을 가면 (14, 8)이 됩니다.
따라서 (14, 8)의 수는 183 + 6 = 189입니다.

③ (A, B) × (2, 2) = (14, 8)에서 (14, 8) = 189이고
(2, 2) = 3이므로 (A, B) = 189 ÷ 3 = 63입니다.

④ 위 (표)에서 초록색 화살표를 따라 적힌 수들은
1, 4, 9, 16, 25, …입니다.
이 수들은 만약 N 행일 때, (N, 1)의 수는 N × N이 됩니다.
(8, 1) = 8 × 8 = 64입니다. (8, 1)에서 오른쪽으로 1열
을 옮기면 수가 1씩 줄어듭니다.
따라서 (A, B) = (8, 2)이므로 8 × 2 = 16입니다.
(정답)

심화문제 03 ·········· P. 92

[정답] (13, 15) = 182

<풀이 과정>

① 아래 (표)와 같이 파란색 화살표를 따라 대각선의 적힌
수들은 1, 3, 7, 13, 21, …입니다. 이 수들은 2, 4, 6, 8씩
늘어나는 규칙이 있습니다. (15, 15)의 수는
1 + (2 + 4 + 6 + 8 + 10 + 12 + 14 + 16 + 18
+ 20 + 22 + 24 + 26 + 28) = 211입니다.

② (15, 15)에서 (13, 15)로 행을 위로 2칸 옮기면 어떤 규칙
이 있는 지 찾습니다.
먼저 (3, 3)에서 (1, 3)으로 옮기면 수가 5만큼 줄어들
고, (4, 4)에서 (2, 4)로 옮기면 똑같이 5만큼 줄어듭니다.
(5, 5)에서 (3, 5)로 옮기면 9만큼 줄어듭니다.
이처럼 (표)에서 빨간색 화살표처럼
5, 5, 9, 9, 13, 13씩 줄어듭니다. N이 홀수 열일 때, (N, N)
에서 행을 위로 2칸 옮기면
5 + (N - 3) ÷ 2 × 4만큼 줄어듭니다.

③ (15, 15)에서 (13, 15)로 행을 2칸 옮기면
5 + (15 - 3) ÷ 2 × 4 = 29만큼 줄어듭니다.
따라서 (13, 15) = 211 - 29 = 182입니다. (정답)

	1열	2열	3열	4열	5열	6열	7열	8열
1행	1		2		9		10	
2행		3	- 5	8		11		24
3행	4		7	- 5	12		23	
4행		6		13	- 9	22		29
5행	5		14		21	- 9	30	
6행		15		20		31	- 13	44
7행	16		19		32		43	- 13
8행		18		33		42		57
9행	17		34		41			

(표)

심화문제 04 ·········· P. 93

[정답] 209

29	30	⋯				
28	11	12	13	14	15	16
27	10	1	2	3	4	17
26	9	8	7	6	5	18
25	24	23	22	21	20	19

(그림)

〈풀이 과정〉

① 위 (그림)과 같이 꺾이는 부분의 수를 차례대로 나열하면
4, 5, 9, 11, 16, 19, 25, 29 …됩니다.
꺾이는 부분이 짝수 번째일 때는 5, 11, 19, 29 …가 되며
6, 8, 10, 12씩 늘어나고 홀수 번째일 때는 4, 9, 16, 25 …
가 되며 5, 7, 9, 11씩 늘어납니다.

② 26번째는 짝수 번째이므로 5, 11, 19, 29 …에서 13번째
가 됩니다.
따라서 13번째 수는
5 + (6 + 8 + 10 + 12 + ⋯ + 26 + 28) = 209입니다.
(정답)

창의적문제해결수학 01 ·········· P. 94

[정답] 오른손의 검지

〈풀이 과정〉

① 아래 (표 1)과 같이 파란색 칸에서 왼손 소지부터 오른손
소지를 지나 다시 왼손 소지까지 오는 수의 개수는 18개
입니다. 파란색 칸인 1부터 18까지 18로 나눈 나머지는
(1, 2, 3, … 16, 17, 0)입니다.
이와 마찬가지로 노란색 칸인 19부터 36까지 18로 나눈
나머지는 (1, 2, 3, … 16, 17, 0)입니다.
따라서 아래 (표 2)와 같이 각 손가락을 세는 규칙은 18
로 나눈 나머지인 (1, 2, 3, … 16, 17, 0)이 한 마디씩 반복
됩니다.

② 이를 통해 1255를 18로 나눈 나머지를 아래 (표 2)에서
찾아 어느 손의 손가락 위치를 찾습니다.
1255 ÷ 18 = 69 … 13이므로 오른손의 검지 위치에서
1255를 셉니다. (정답)

오른손					왼손				
엄지	검지	중지	약지	소지	소지	약지	중지	검지	엄지
14	13	12	11	10	1	2	3	4	5
	15	16	17	18	9	8	7	6	
32	31	30	29	28	19	20	21	22	23
	33	34	35	36	27	26	25	24	

(표 1)

손	오른손					왼손				
손가락	엄지	검지	중지	약지	소지	소지	약지	중지	검지	엄지
18로 나눈 나머지	14	13	12	11	10	1	2	3	4	5
		15	16	17	0	9	8	7	6	

(표 2)

창의적문제해결수학 02 ·········· P. 95

[정답] 180개

〈풀이 과정〉

① 아래 (표)는 흰 바둑돌과 검은 바둑돌 개수와 두 바둑돌
개수의 차를 구한 것입니다.
흰 바둑돌 개수는 N 번째일 때, N × (N + 1) 개이고
검은 바둑돌 개수는 N 번째일 때, 2 × (N + 1) 개입니다.
14번째 흰 바둑돌과 검은 바둑돌의 각각 개수를 구하면
14 × 15 = 210 개와 2 × 15 = 30개입니다.
따라서 두 바둑돌 개수의 차는 210 – 30 = 180입니다.

② 이외에도 (표)에서 바둑돌 개수의 차를 보면 1번째와 2번
째를 제외하고 3번째부터 바둑돌 개수의 차는
4, 10, 18, 28, … 으로 6, 8, 10씩 늘어납니다.
14번째는 이 수 배열에서 14 – 2 = 12번째 바둑돌 개수
의 차를 구하면 됩니다.
따라서 14번째 두 바둑돌 개수의 차는
4 + (6 + 8 + 10 + ⋯ + 24 + 26) = 180입니다.
(정답)

순서	1번째	2번째	3번째	4번째	5번째	6번째
흰 바둑돌 개수	1×2=2	2×3=6	3×4=12	4×5=20	5×6=30	6×7=42
검은 바둑돌 개수	2×2=4	2×3=6	2×4=8	2×5=10	2×6=12	2×7=14
바둑돌 개수의 차	2	0	4	10	18	28

(표)